码上学技术·农作物病虫害快速诊治系列

梨病虫害
诊断与防治原色图谱

夏声广　主编

中国农业出版社
北　京

编写人员名单

主　　编　　夏声广

副 主 编　　王洪平　　徐苏君

编写人员　　夏声广　　王洪平　　徐苏君　　张发成

　　　　　　李月红　　王　敏　　夏铭敏　　王山宁

Foreword
前　言

　　梨为我国原产，栽培历史悠久。梨树是我国主要果树之一，栽培面积、产量均居世界第一位。在我国各种果树中，梨树栽培面积、产量仅次于苹果、柑橘，居第三位。其分布遍及全国各地，北自黑龙江的绥化、牡丹江，南至海南岛、台湾，东自东海岸，西至新疆伊宁、西藏日喀则，都有栽培。然而，梨树病虫害种类繁多，危害严重，对梨树生产安全构成了直接威胁，成为影响梨树生产的主要制约因素之一。生产实践上迫切需要病虫害种类及症状和虫态齐全、生动直观、技术实用、图文并茂的（科普）图书。为此，我们应中国农业出版社之约编写了《梨病虫害诊断与防治原色图谱》。

　　本书是一本普及梨树病虫识别、提高果农对病虫害诊断与防治能力的实用科普工具书，有助于果农科学开展梨树病虫害防治，减少农药的使用量和次数，节约成本，降低农药残留，提高梨果的品质和产量，确保梨果质量安全。本书从梨树生产实际出发，由南、北方植保专业人士共同打造，总结近年来梨树病虫害防治研究和生产第一线的实践经验，吸取众家之长，力求体现科学性、先进性、实用性和技术集成化、"傻瓜"化。本书是在《梨树病虫害防治原色生态图谱》的基础上修订而来，不仅新增了病虫害种类，而且新增和更换了病虫识别特征及为害状图片和视频（夏铭敏配音），内容更为完善。全书共提供130余种梨树主要病虫害的诊断与防治技术，400多幅高质量原色生态图片（除署名外，均由夏声广拍摄），逼真地再现了梨树常见病虫的不同形态和为害状。图片典型直观，便于读者对照识别，文字简洁易懂，内容实用，易学易记。适合梨农、农技人员、农药经营者、庄稼医院工作者使用，也可供农业院校相关专业师生作为参考图书，或作为基层生产培训教材。

在本书编写过程中，承蒙有关单位人员提供了部分图片，在此表示衷心感谢！

我国幅员辽阔，梨树分布范围广，梨树病虫害种类繁多，受作者实践经验及专业水平所限，书中遗漏之处在所难免，恳请有关专家、同行、广大读者不吝指正。

夏声广

2022年12月

Contents
目 录

前言

■ 一、梨树病害 ···················· 1

1. 侵染性病害 ············ 1

2. 枝干害虫 …………… 128

3. 果实害虫 …………… 162

三、梨园主要杂草

参考文献

一、梨树病害

1. 侵染性病害

梨锈病

梨锈病又名赤星病，又名"红隆""羊胡子"等，病原为梨胶锈菌（*Gymnosporangium asiaticum* Miyabe ex Yamada），其转主寄主是桧柏属植物。主要为害叶片和新梢，严重时也能为害幼果、叶柄、果梗。

症状：叶片受害，初在叶正面发生橙黄色、有光泽的小斑点，数目由一两个到数十个不等，以后逐渐扩大为近圆形病斑。病斑中部橙黄色、边缘淡黄色，最外层有一圈黄绿色的晕圈。病斑表面密生橙黄色针头大小的粒点，天气潮湿时，其上溢出淡黄色黏液，即性孢子，黏液干燥后，小粒点变为黑色。病斑组织逐渐变肥厚，叶片背面隆起，正面稍凹陷，并在隆起部位长出灰黄色的毛状物，即为病菌锈孢子器。其后，病斑逐渐变黑，叶片上病斑较多时，引起早期脱落。幼果受害，初期病斑与叶片上相似。病部稍凹陷，病斑上密生橙黄色后变黑色的小粒点。后期病斑表面产生灰黄色毛状的锈孢子器。新梢、果梗与叶柄被害时，症状与果实上大体相同。

发生规律：病菌以菌丝体在桧柏类植物的发病部位越冬，翌春3月间形成红褐色或咖啡色的圆锥形角状物，即冬孢子角。在梨树发芽、展叶、落花、幼果发育期间，冬孢子角遇降雨吸水膨胀，成为橙黄色舌状胶质块，萌发产生担孢子。担孢子随风传播至梨树嫩叶、新梢、幼果上造成侵染，传播距离在5 000米以内。梨树自展叶开始到展叶后20天内最易感病，病菌侵染后经6～10天的潜育期，即可在叶片正面呈现橙黄色病斑，接着在

梨锈病初期病叶上的小斑点

梨锈病病斑表面密生橙黄色小粒点

梨锈病叶片病斑（逐渐扩大为近圆形）

梨锈病为害后期叶片上的锈孢子器

梨锈病严重为害叶片（正面）

梨锈病严重为害叶片（背面）

梨锈病为害叶脉　　　　梨锈病为害叶柄　　　　梨锈病后期病斑（逐渐变黑）

梨锈病后期叶片变黑脱落　　　　梨锈病严重为害叶片状

梨锈病幼果受害状　　　梨锈病后期果实受害状　　　梨锈病后期病斑表面产生灰
（初期病斑稍凹陷）　　　　　　　　　　　　　　　黄色毛状的锈孢子器

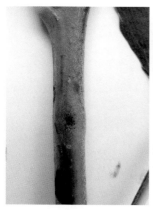  

梨锈病为害枝条　　　　　梨锈病为害果柄　　　　梨锈病病斑上生红褐色或
　　　　　　　　　　　　　　　　　　　　　　　　咖啡色的圆锥形冬孢子角

梨锈病冬孢子角遇降雨吸水膨胀，成为橙黄色舌状胶质块

病斑上长出性孢子器，在性孢子器内产生性孢子。在叶背面形成锈孢子器，并产生锈孢子，锈孢子不再侵染梨树，而是借风传播到桧柏等转主寄主的嫩叶和新梢上，萌发侵入，并在其上越夏、越冬。翌春再形成冬孢子角，冬孢子角上的冬孢子萌发产生的担孢子又借风传到梨树上侵染为害，而不能侵染桧柏。病菌一般侵害幼嫩组织，冬孢子萌发最盛期一般在4月中旬，常与梨树盛花期相一致。梨树发芽展叶后雨水多，冬孢子大量萌发，则锈病发生严重。发病盛期在4月中旬至5月上旬。一般中国梨易感病，日本梨次之，西洋梨最抗病。

　　防治方法：①切断侵染源。清除梨园周围5 000米内的桧柏、龙柏等转主寄主，是防治梨锈病彻底有效的措施。如梨园附近风景区或绿化区的桧柏不宜砍除时，梨树需喷药保护，或在桧柏上喷药，杀灭冬孢子；或早春剪去桧柏上的菌瘿并销毁；梨树展叶前即3月上中旬，在桧柏上喷1～2次3波美度石硫合剂或1：1：160倍波尔多液，杀灭冬孢子。②化学防治。梨树上喷药一般在开花前和谢花2/3～3/4时（3月下旬至4月下旬），雨水多的年份在落花后15天再喷药一次。以在雨前喷药效果较好，药剂参考"梨黑星病"。

梨黑星病

　　梨黑星病又称疮痂病，病原为纳氏生黑星菌（*Venturia nashicola*），无性世代为纳氏生黑星孢（*Fusicladium nashicola*），是我国北方梨区发生和为害较重的病害之一，在南方各梨区为害也在逐年加重。可为害叶片、叶柄、新梢、果实、果柄、芽、花序等部位。

　　症状：叶片发病初期，在叶背主脉两侧和支脉之间产生圆形、椭圆形或不规则形淡黄色小斑点，界限不明显，不久后病斑上长出墨黑色霉状物，即病菌的分生孢子梗和分生孢子。为害严重时，许多病斑融合，使叶背面布满黑色霉层，造成落叶。叶柄受害，出现黑色、椭圆形凹陷病斑，产生墨黑色霉层，易早期落叶。叶脉、果柄受害，症状与叶柄相似。果实前期受害，果面产生淡黄褐色圆形小病斑，逐渐扩大到5～10毫米，表面长出墨黑色霉层，病部生长停止。随着果实增大，病部渐凹陷，木栓化、坚硬并龟裂。新梢受害，多在徒长枝或秋梢幼嫩组织上形成病斑。病斑椭圆形或近圆形，淡黄色，微隆起，表面有黑色霉层，以后病部凹陷、龟裂，疮痂状，周缘开裂。

　　发生规律：病菌以分生孢子或菌丝在腋芽鳞片、病叶、病果和病枝上越冬，翌年春天温度12～20℃、相对湿度70%以上时，残存的越冬分生孢子和病部形成的分生孢子，借风雨传播，侵染为害。北方病芽梢较多的梨园，在春雨多而早、夏季阴雨连绵的年份，往往病害大流行。江苏、浙江梨区，整个生长季节均可发病，一般于4月上中旬开始发病，5—6月梅雨季进入发病盛期。雨水多、湿度大，则发病重。辽宁梨区，病芽梢多在5月中旬左右开始出现，叶、果多在6月上旬开始发病，7月中旬至8月为发病盛

梨黑星病叶上长出黑色霉状物

梨黑星病为害严重的叶片

梨黑星病为害叶片中脉

梨黑星病为害叶片

梨黑星病为害叶柄

梨黑星病为害果柄

梨黑星病为害果蒂

梨黑星病为害幼果

梨黑星病病果前期病斑

梨黑星病病果后期木栓化、坚硬

梨黑星病病果龟裂

梨黑星病严重为害
的幼果

梨黑星病新梢发病

期。河北石家庄地区，4月中下旬开始出现病芽梢，以8月侵染最多，7—8月雨季为发病盛期。品种间以中国梨最感病，日本梨次之，西洋梨抗病性较强。

防治方法：①清洁果园。秋末冬初清扫落叶，收集病果，剪除病枯枝，集中深埋或销毁。发病初期及时剪除病叶、病果、病梢，防止病菌增殖和蔓延。②梨果套袋，保护果实。一般在坐果完成期，即花全部落完后20天内套完，具体根据品种而定。③药剂防治。在田间各发病部位可见霉斑时喷第一次药。南方梨区发病早，重点抓好芽萌动期至开花前、落花70%左右、5月中旬新梢生长期、6月中旬果实迅速膨大期防治，保护花序、嫩梢、新叶和幼果。北方梨区一般第一次在5月中旬（白梨萼片脱落，病梢初现期），第二次在6月中旬，第三次在6月末至7月上旬，第四次在8月上旬喷药防治。在芽萌动期可喷施5波美度石硫合剂保护，生长期预防可喷施70%代森联水分散粒剂500～600倍液，或80%代森锰锌可湿性粉剂600～800倍液，或30%碱式硫酸铜胶悬剂400～500倍液；发病初期可喷施12.5%烯唑醇可湿性粉剂3 000～4 000倍液，或33%锰锌·三唑酮可湿性粉剂800～1 000倍液，或40%腈菌唑·锰锌可湿性粉剂1 000～1 200倍液，或40%氟硅唑乳油8 000～10 000倍液，或37%苯醚甲环唑水分散粒剂20 000倍液，或30%氟菌唑可湿性粉剂3 000～4 000倍液，或30%唑醚·戊唑醇悬浮剂2 000～3 000倍液。

梨轮纹病

梨轮纹病又名粗皮病、瘤皮病，主要为害枝干树皮和果实，其次为害叶片，是我国梨树的主要病害。病原为梨轮纹病菌（*Botryosphaeria berengeriana* f. sp. *piricola* Koganezawa et Sakuma），也叫贝氏葡萄座腔菌梨专化型，无性世代为轮纹大茎点菌(*Macrophoma kawatsukai* Hara.)，在北方梨区以无性世代常见。

症状：枝干树皮发病，多以皮孔为中心产生暗褐色突起的小病斑，后逐渐扩大成近圆形或扁圆形褐色疣状突起，病疣较坚硬，里面暗褐色。第二年病疣周围一圈树皮变为暗褐色，浅层坏死，并逐渐下陷。常常两三个病斑连成一片，呈不规则形病斑，病斑上产生许多黑色小粒点。枝干树皮受害严重时，病斑密集，表面极为粗糙，甚至可造成枝条枯死。果实受害，多在近成熟期开始发病，初期以皮孔为中心形成水渍状、近圆形的褐色小斑点，后渐扩大为具同心轮纹的红褐色病斑。病部果肉褐色、软腐，呈近圆锥形向果肉腐烂，表面密生黑色小粒点。叶片发病，形成近圆形或不规则形的褐色病斑，微具同心轮纹，后逐渐变为灰白色，并长出黑色小粒点。

发生规律：病菌以菌丝体、分生孢子器和子囊壳在病部越冬，春季可随降雨或露水从皮孔、伤口侵入组织，引起发病。在上海地区，一般在3月下旬左右开始散发分生孢子，以5—7月最多。在山东莱阳地区，4月下旬至5月上旬降雨后，开始散发分生孢子，6月中旬至8月中旬为散发盛期。梨轮纹病病菌侵染果实的时间为落花后至8月中旬左右，其中以6月至7月中旬最多，每年有春秋季两次扩展高峰。

梨轮纹病枝干树皮上褐色　梨轮纹病为害严重的枝干　梨轮纹病为害的主茎
突起、粗糙的小病斑

梨轮纹病病果早期红褐色病斑　梨轮纹病病果前期典型
　　　　　　　　　　　　　　症状

梨轮纹病果面典型症状　　　梨轮纹病病部剖面

梨轮纹病后期果面病斑相连　　　　　梨轮纹病严重时果面多个病斑相连

梨轮纹病病叶上的同心轮纹　　　　　梨轮纹病病叶多个病斑连结成片

防治方法：①选用健苗。栽植无病健苗，严格剔除病苗。②清除菌源。结合冬季清园，刮除枝干老翘皮，剪除病枯枝，集中销毁。③健康栽培，增强树势。加强栽培管理，合理施肥，增施有机肥，注重氮、磷、钾配合使用，增强树势，提高抗性。④套袋保护。一般在5月上中旬幼果期进行疏果套袋保护。⑤化学防治。对感病枝干刮除病疣后用乙蒜素50倍液消毒伤口，再外涂波尔多浆保护；在梨树发芽前全树喷洒一次5波美度石硫合剂；

生长期喷药保护果实，在病菌大量传播侵染的5—8月，自落花后7～10天，结合防治其他病害，每隔10～15天喷药1次，常用预防药剂有80%代森锰锌可湿性粉剂600～800倍液，或70%甲基硫菌灵可湿性粉剂800倍液；发病初期可用40%腈菌唑·锰锌可溶性粉剂6 000倍液，或61%乙铝·锰锌可湿性粉剂400～600倍液，或40%氟硅唑乳油8 000～10 000倍液进行防治。

梨黑斑病

梨黑斑病是梨树的重要病害之一，主要为害果实、叶片及新梢。病原为菊池链格孢（*Alternaria kikuchiana* Tanaka）。

症状：幼嫩的叶片最早发病，开始时叶片产生针头大、圆形、黑色的斑点，逐渐扩大为近圆形或不规则形，中央呈灰白色边缘黑褐色的病斑。潮湿时病斑表面遍生黑霉。叶片上长出数个病斑时，往往相互融合成不规则的大病斑，引起早期落叶。幼果受害，初在果面上产生1个至数个黑色圆形针头大的斑点，逐渐扩大，呈近圆形或椭圆形。病斑略凹陷，表面生黑霉。由于病健部分发育不均，果面发生龟裂，裂隙可深达果心，在裂缝内也会产生很多黑霉，病果往往早落。

发生规律：病菌以分生孢子及菌丝体在病枝梢、病芽及芽鳞、病叶、病果上越冬。南方一般年份在4月下旬至5月初，平均气温13～15℃时，叶片开始出现病斑，5月下旬至6月中旬为发病高峰期。高温多雨年份发生重；地势低洼，通风不良，则发病重。

梨黑斑病叶片上散布的病斑

梨黑斑病为害严重时叶片发黄、畸形

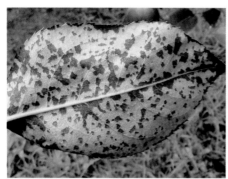

黑斑病病叶上数个病斑相连（背面）

梨黑斑病为害叶片后期病斑连在一起

梨黑斑病病果上的病斑

梨黑斑病病果发生龟裂

梨黑斑病严重为害果病斑凹陷发硬

　　防治方法：①清除菌源。在梨树萌芽前做好清园工作，剪除有病枝梢，清除果园内的落叶、落果，集中深埋或销毁。②健康栽培，增强树势。加强栽培管理，增施有机肥料，促使植株生长健壮。③套袋保护。在

5月上中旬以前套袋保护果实。④药剂防治。在梨树发芽前，可喷施5波美度石硫合剂或45%晶体石硫合剂300倍液，杀死枝干上的越冬病菌。预防可喷施1∶2∶200石灰倍量式波尔多液或80%代森锰锌可湿性粉剂600～800倍液，或10%多氧霉素可湿性粉剂1 000～1 500倍液，或3%多抗霉素可湿性粉剂300～600倍液；发病初期喷施12.5%烯唑醇可湿性粉剂2 000～3 000倍液，或35%氟菌·戊唑醇悬浮剂2 000～3 000倍液，或50%多抗·喹啉铜可湿性粉剂800～1 000倍液。一般在落花后至梅雨期结束前，即在4月下旬至7月上旬都要喷药保护，喷药间隔期为10～15天，共喷3～5次。

梨树腐烂病

梨树腐烂病又名臭皮病。病原为梨腐烂病菌[*Valsa ambiens* (Pers.)Fr]，也叫围绕黑腐皮壳，无性世代为迂回壳囊孢（*Cytospora ambiens* Sacc.）。主要发生在七至八年生以上的盛果期梨树上，是梨树最重要的枝干病害。多发生在主干、主枝、侧枝及小枝上。

症状：发病初期，病部稍隆起，水渍状，树皮为褐色至红褐色，病斑多呈长椭圆形或不规则形，病组织松软、糟烂，在春秋季湿度较高时，常渗出红褐色汁液，有酒糟气味。随着病情的发展，病部干缩下陷，病健交界处龟裂，二年生以上的病斑密生黑色小点，为病原菌分生孢子器，潮湿时形成淡黄色卷丝状孢子角。

梨树腐烂病发病初期症状　　梨树腐烂病后期症状（病斑干缩下陷，病健交界处龟裂）

梨树腐烂病病斑及分生孢子器

梨树腐烂病为害分枝处

梨树腐烂病龟裂及粒状分生孢子器

梨树腐烂病在潮湿时形成淡黄色卷丝状孢子角

发生规律：病菌以子囊壳、分生孢子器和菌丝体在病组织上越冬，春天形成子囊孢子或分生孢子，借风雨传播，造成新的侵染。一般早春和晚秋为害较重，形成春、秋季两次发病高峰。

防治方法：①健康栽培，增强树势。加强肥水管理，合理负载，防止受冻，是预防本病的基本途径。②预防。发病较重的果园或品种，于春季发芽前全树喷洒5波美度石硫合剂。③刮治。发病重的品种采取刮治办法，将刮掉的病残体收集起来集中深埋或销毁。刮治后病部涂5～10波美度石硫合剂或45%晶体石硫合剂20倍液，或1%硫酸铜液1～5倍液，或腐殖酸铜10倍液等，以防止病疤复发。④清除菌源。剪除病枯枝，集中销毁。

梨树干腐病

梨树干腐病病原为葡萄座腔菌属（*Botryosphaeria* spp.）真菌，无性世代为大菌点属（*Macrophoma* spp.）真菌，北方地区以无性世代更常见。在北方旱区发生严重，是梨树仅次于腐烂病的重要枝干病害。

症状：苗木和幼树受害，树皮出现黑褐色、长条形病斑，质地较硬，微湿润，病部较浅。病斑扩展到枝干半圈以上时，常造成病部以上叶片萎蔫，枝条枯死。后期病部失水，凹陷，周围龟裂，表面密生黑色小粒点。梨树干腐病菌也侵害果实，造成果实腐烂，症状同轮纹病。

发生规律：病菌以分生孢子器在发病的枝干上越冬，春天潮湿条件下形成分生孢子，借雨水传播，初侵染当年枝干和果实。病菌在果实和枝干上有潜伏侵染的特性，鸭梨果实感病一般要在果实膨大后期开始呈现症状。发病高峰是在近成熟期。

防治方法：同梨树腐烂病。

梨树干腐病病斑红褐色凹陷　　梨树干腐病后期病部周围龟裂　　梨树干腐病剖面

梨树干腐病树皮出现黑褐色长条斑　　　梨树干腐病后期病斑以上叶
　　　　　　　　　　　　　　　　　　片萎蔫，枝条枯死

梨干枯病

梨干枯病又名胴枯病。病原为梨干枯病菌（*Phomopsis fukushii* Tanake et Endo），也称福士拟茎点霉。主要为害老龄、衰弱及受冻伤的中国梨和日本梨的苗木和幼龄树的主干部位和十年生以下枝条。

症状：苗木发病，在茎干树皮表面开始出现水渍状污褐色圆形斑点，后逐渐扩大为椭圆形或不规则形，暗褐色，质地较硬。病部失水后，逐渐干缩下陷，病健交界处龟裂，病斑表面长出许多黑色细小粒点。当凹陷病斑超过茎干1/2以上时，病部以上即逐渐死亡。大树发病，病斑多发生在伤口或枝干分杈处，呈褐色凹陷小病斑，后逐渐扩大为红褐色椭圆形，稍凹陷，病健交界处形成裂缝。病皮下具黑色孢子座，顶部露出表皮，降雨时间长时，从中涌出乳白色丝状孢子角。

发生规律：病菌以菌丝体和分生孢子器在被害树皮内越冬，春天降雨时分生孢子器中涌出分生孢子，借雨水和风传播侵染，常发于春夏多雨季节。

防治方法：①选用无病健苗栽植。②健康栽培，清洁果园。合理施肥，注重氮、磷、钾配合施用，避免偏施氮肥，使树体生长健壮；冬季剪除病

梨树干枯病大树主干上的圆形
病斑

梨树干枯病病健交界处形成裂缝

梨树干枯病为害枝

梨树干枯病病斑绕茎一周时，
病部以上死亡

枯枝，集中销毁；提倡深沟高畦栽培，避免雨季果园积水。③药剂防治。春季注意检查枝干，发现感病及时刮除病斑或划道处理，然后涂刷70%百菌清可湿性粉剂100倍液，或乙蒜素50倍液。发芽前对树干、主枝和树冠全面喷布5波美度石硫合剂，也可树冠喷施80%代森锰锌可湿性粉剂600倍液或40%氟硅唑乳油8 000倍液，连喷2～3次。

梨锈水病

梨锈水病为细菌性病害，病原为欧文氏菌属（*Erwinia* sp.）细菌。主要为害梨树骨干枝，也可为害叶片。

症状：枝干得病后初期症状隐蔽，外表无病斑，皮色亦不变。后期在病树上可以看到从皮孔或伤口渗出锈色点滴的小水珠，或有较多的锈水突然渗出，但枝干外表仍无病斑。用刀削皮层检查，可见病皮已呈淡红色，并有红褐色小斑或血丝状条纹，腐皮松软充水，有酒糟味，内含大量细菌。汁液初为无色透明，2～3小时内转变为乳白色、红褐色，最后为铁锈色。锈水具黏性，风干后凝成角状物。叶片被害，先发生青褐色水渍状病斑，后变成褐斑或黑斑，大小、形状不一。

发生规律：病原细菌潜伏在梨树枝干的形成层与木质部之间的病组织内越冬，翌年4—5月间再行繁殖，病菌随病部流出的锈水溢出，通过雨水

梨锈水病病枝干从皮孔或伤口流出的锈水
（童正仙提供）

梨锈水病枝干流出锈水干后变铁锈色
（童正仙提供）

梨锈水病后期在病树上渗出锈色小水珠
（童正仙提供）

梨锈水病为害严重时造成植株死亡
（童正仙提供）

和蝇类、梨小食心虫等昆虫传播，高温、高湿是此病发生的重要条件。浙江在6月下旬开始发病，8月中旬至10月中旬为发病盛期。一般树势弱或初结果树发病较重。黄梨、鸭梨、砀山梨最易感病，京白梨、雪花梨、莱阳梨较易感病，日本梨、西洋梨及土种梨则较抗病。

防治方法：①刮皮涂干。在冬季、早春和生长期，及时彻底地刮除病皮，清除菌源。刮后用较浓的乙蒜素、石硫合剂进行表面消毒，然后用乙蒜素、石硫合剂涂干，保护伤口。②健康栽培，增强树势。通过增施肥料，及时排灌，合理修剪，加强梨树病虫害的防治，增强树势，提高抗病能力。③切断菌源。及时防治梨小食心虫。从7月起，摘除软腐病果，以减少菌源。

梨树根癌病

根癌病是多种果树的根部病害，病原为根癌土壤杆菌[*Agrobacterium tumefaciens* (Smith et Towns.) Conn]，以苗木受害为主。病菌腐生能力强，寄主范围广，能侵染近60科数百种植物。

　　症状：为害果树根颈和主、侧根，形成大小不等、表面粗糙的褐色肿瘤，肿瘤坚硬木质化，使寄主筛管堵塞，影响养分和水分的运输和吸收。病树发育不良，树势弱，发病严重时叶片发黄早落，植株枯死。

梨树根癌病为害果树根颈形成褐色肿瘤

梨树根癌病病树发育不良，叶边缘焦黄

梨树根癌病根颈和主、侧根上的褐色肿瘤

梨树根癌病病树上的肿瘤

　　发生规律：病菌在田间病株、残根烂皮、土壤中越冬。在土壤中能存活1年以上，通过嫁接口、气孔、昆虫或人为因素造成的伤口侵入寄主，引起寄主细胞异常分裂，形成癌瘤。带病苗木是远距离传播的主要途径。

梨树根癌病地上部分生长不良，树势衰弱

防治方法：①栽培健苗。选用无病健壮苗木，严格剔除病苗。②加强检疫，严禁病苗出圃。③化学防治。在定植后的果树上发现病瘤时，先用快刀彻底切除病瘤，然后用稀释100倍的硫酸铜液或乙蒜素50倍液，或5波美度石硫合剂消毒切口，再外涂波尔多浆保护，切下的病瘤应随即销毁。病株周围的土壤用乙蒜素2 000倍液灌注消毒。④健康栽培。田间作业尽量避免根部伤口，及时防治地下害虫，以减轻发病。

梨褐色膏药病

梨褐色膏药病病原为梨褐色膏药病菌（*Helicobasidium tanakae* Miyabe），也称田中卷担菌，主要为害梨树枝干。

症状：在枝干上着生圆形或不规则形的菌膜，如贴膏药状，栗褐色或褐色，表面为天鹅绒状。菌膜边缘绕有一圈较狭窄的灰白色薄膜，以后色泽变紫褐色或暗褐色。

发生规律：病菌以菌膜在被害枝干上越冬，通过风雨和昆虫传播。生长期病菌以介壳虫的分泌物为养料，一般介壳虫发生严重的果园，褐色膏药病发生亦较重。

梨褐色膏药病病枝上的菌膜　　　　　　梨树枝杈上的褐色膏药病

防治方法：①涂干保护。树干涂白，防止冻害及日灼，避免造成伤口。②治虫防病。及时防治介壳虫及蛀干害虫，并保护伤口。③化学防治。用小刀刮除菌膜，然后再涂抹20%石灰乳或3～5波美度石硫合剂，或直接在菌膜上涂抹3～5波美度石硫合剂。

梨褐斑病

梨褐斑病又称斑枯病、白星病。病原为梨褐斑病菌[*Mycosphaerella sentino* (Fr.) Schröter]，也称梨球腔菌，无性世代为梨生壳针孢 (*Septoria piricola* Desm.)，仅为害叶片。

症状：梨褐斑病为害叶片，产生圆形或近圆形褐色病斑，后逐渐扩大。病斑初期为褐色，后期中部呈灰白色，上密生黑色小点，周缘褐色，外层则为黑色。发病严重的叶片，病斑可达数十个，后期相互愈合成不规则形的褐色大斑块。

发生规律：病菌以分生孢子器及子囊壳在落叶的病斑上越冬。5—7月多雨、潮湿，发病重。浙江地区一般在4月中旬开始发病，5月中下旬盛发。

梨褐斑病前期叶片症状

梨褐斑病典型症状

梨褐斑病后期穿孔

梨褐斑病为害严重时病斑相连

防治方法：①清洁果园，减少菌源。冬季扫除落叶，集中销毁或深埋。②健康栽培，增强树势。在梨树丰产后，应增施肥料，促使树势生长健壮。雨后注意排水。③化学防治。一般年份可结合梨锈病、轮纹病等喷药防治。往年发病严重的果园，重点抓好早春梨树发芽前（南方梨区约3月上中旬）和落花后（约4月中下旬）病害初发时用药，药剂及使用方法参考"梨轮纹病"。

梨叶炭疽病

梨叶炭疽病病原为梨炭疽菌 [*Colletotrichum piri* (Noack) f. sp. *tieoliense* Bubak]，为害叶片。

症状：叶片发病初在叶面发生褐色圆形病斑，逐渐变成灰白色，常有同心轮纹。发病严重时，多数病斑相互愈合成不规则形的褐色斑块。天气潮湿时，病斑上形成许多淡红色的小点，后变为黑色。

防治方法：① 清洁果园，减少菌源。冬季清扫落叶，集中销毁或深埋。② 健康栽培，增强树势。增施有机肥，使梨树生长健壮。③ 化学防治。结合锈病或黑星病的防治，喷布

梨叶炭疽病病斑具同心轮纹

1：2：200 波尔多液或 70% 甲基硫菌灵可湿性粉剂 800 倍液或 80% 代森锰锌可湿性粉剂 600～800 倍液，其他药剂可参考"梨炭疽病"。

梨胡麻色斑点病

梨胡麻色斑点病病原为山楂虫形孢 [*Entomosporium mespile* (DC. Ex Luby) Sacc.]，为害叶片。

症状：初发病时，叶上出现黑紫色小点，后扩大形成周围紫褐色中央灰白色的小圆形病斑，严重时叶枯脱落。

防治方法：可结合梨轮纹病防治兼治。

梨胡麻色斑点病症状

梨轮斑病

梨轮斑病又称大星病，病原为苹果链格孢（*Alternaria mali* Roberts），主要为害叶片、果实和枝条。

症状：叶片染病，开始出现针尖大小黑点，后扩展为暗褐色至暗黑色、圆形或近圆形病斑，具明显轮纹。在潮湿条件下，病斑背面生黑色霉层，即病菌分生孢子梗和分生孢子，严重时病斑连片引致叶片早落。新梢染病，病斑黑褐色，长椭圆形，稍凹陷。果实染病，形成圆形、黑色凹陷斑，也可引起果实早落。

梨轮斑病叶片上的病斑　　　　　　梨轮斑病病叶上多个病斑相连

发生规律：病原是一种弱寄生菌，主要以分生孢子在病叶等病残体上越冬，生长势弱、伤口较多的梨树易发病，树冠茂密，通风透光较差，地势低洼的梨园发病重。

防治方法：参考"梨黑斑病"。

梨炭疽病

梨炭疽病病原为围小丛壳[*Glomerella cingulata* (Stonem.) Spauld. et Schrenk]，无性世代为胶孢炭疽菌[*Colletotrichum gloeosporioides* (Penz.) Sacc.]。主要为害果实，也能为害枝条。果实多在生长中后期发病。

症状：发病初期，果面出现淡褐色水渍状小圆斑，病斑逐渐扩大，色泽加深，并软腐下陷。病斑表面颜色深浅交错，具明显的同心轮纹。在病斑处表皮下形成无数小粒点，略隆起，初褐色，后变黑色，为病菌的分生孢子盘，有时排列成同心轮纹状。在温暖潮湿条件下，分生孢子盘突破表皮，涌出一层粉红色的黏质物，即分生孢子团块。随着病斑的逐渐扩大，病部烂入果肉直到果心，使果肉变褐，产生苦味。

发生规律：病菌以菌丝体在僵果或病枝上越冬。4—5月多阴雨年份，则侵染早；6—7月阴雨连绵，则发病重。

防治方法：①清洁果园，减少菌源。冬季结合修剪，剪除枯枝、病虫为害枝及僵果，集中销毁。②健康栽培，增强树势。多施有机肥，改良土壤，增强树势；及时中耕除草，雨季及时排水。③化学防治。落花后10天左右

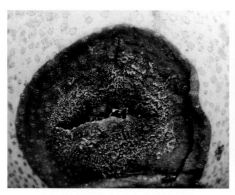

梨炭疽病果面上粉红色的黏质物　　　　　　梨炭疽病严重为害状

开始喷药，每隔15天左右喷1次，直到采收前20天止，连续喷4～5次。药剂可用80％代森锰锌可湿性粉剂，或25％嘧菌酯悬浮剂1 000～1 200倍液，或70％甲基硫菌灵可湿性粉剂800～1 000倍液，或25％咪鲜胺乳油1 000倍液，或50％咪鲜胺锰盐可湿性粉剂1 500倍液，或12％苯醚·噻霉酮水乳剂4 000～5 000倍液。④果实套袋。在套袋之前，树冠果实全面喷药一次。

梨白粉病

梨白粉病病原为梨球针壳[*Phyllactinia pyri* (Cast.) Homma]，主要为害叶片，多在秋季为害老叶。

症状：病斑出现于叶片背面，大小不一，近圆形，常扩展到全叶。病斑上产生灰白色粉层，即分生孢子梗和分生孢子。后期在病斑上产生小颗粒，即闭囊壳，起初黄色，以后逐渐转为褐色至黑色。严重时造成早期落叶。

发生规律：病菌以菌丝在病叶、病枝(芽)内越冬。4月中旬前后分生孢子随风传播，侵入叶背。6月上中旬病部见菌丝后可再次侵染，辗转为害。

防治方法：①清洁果园，减少菌源。秋季清扫落叶，消灭越冬病源。②健康栽培，增强树势。改善栽培管理，多施有机肥，防止偏施氮肥。适当修剪，使树冠通风透光良好。③化学防治。夏季结合其他病害一同防治，药剂可参考"梨锈病"。

梨白粉病为害叶片

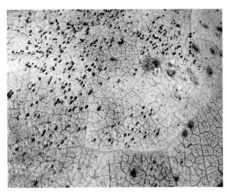

梨白粉病病原子实体（王克提供）

梨火疫病

梨火疫病是梨树上的毁灭性病害，是我国主要的检疫对象之一。病原为噬淀粉欧文氏菌[*Erwinia amylovora* (Burr.)Winslow et al.]，除侵染梨以外，还能为害苹果和其他多种蔷薇科植物。

症状：花器被害后呈萎蔫状，深褐色，并向下蔓延至花柄，使花柄呈水渍状。叶片发病，先从叶缘开始变黑，后沿叶脉发展，最终全叶变黑、萎凋。病果初生水渍状斑，后变暗褐色，并有黄色黏液溢出，最后变黑而干缩。枝干被害，初呈水渍状，有明显的边缘，后病部凹陷呈溃疡状，褐色至黑色。

发生规律：病原细菌在枝干病部越冬，在土壤中可存活4年。春季病组织上形成的菌溢通过昆虫（主要是蚜虫、梨木虱）和雨水传播，从伤口或皮孔侵入，当年发病部位形成的菌溢可造成多次再侵染。此病于初春随新梢生长而发生。

防治方法：①检疫。严格检疫是最根本也是最有效的防治方法。②清洁果园，减少菌源。冬季剪除病梢及刮除枝干上的病皮，销毁或深埋。花期发现病花，立即剪除。③治虫防病。及时防治传病昆虫。④化学防治。及时喷布杀菌剂，特别要注意风雨后要及时喷药，因为风雨后造成大量伤口有利于细菌侵染。发病前可喷洒1∶2∶200波尔多液，或53.8%氢氧化铜干悬浮剂500～800倍液。从发病初期起即可喷洒40%春雷·噻唑锌悬浮剂800～1 000倍液，每隔10～15天喷1次，连喷3～4次。

梨火疫病为害新梢　　　　　　梨火疫病病叶（李月红提供）

梨火疫病叶柄变黑　　　　梨火疫病叶柄初呈水渍状（李月红提供）
（李月红提供）

梨火疫病病果（李月红提供）

梨环纹花叶病

梨环纹花叶病病原为苹果褪绿叶斑病毒（*Apple chlorotic leaf-spot virus*）。

症状：叶片产生淡绿色或浅黄色环斑或线纹斑，有时病斑只发生在主脉或侧脉的周围。高度感病品种的病叶往往变形或卷缩。阳光充足的夏天症状明显，反之，多雨季节或阳光不充足时，症状轻微甚至很多病树不显症。

梨环纹花叶病病叶褪绿、皱缩

防治方法：①栽培无病毒苗木。②加强梨苗检疫，防止病毒扩散蔓延。

梨煤烟病

梨煤烟病主要发生在叶片、枝梢或果实表面。

症状：发病初期出现暗褐色点状小霉斑，后逐渐扩大成绒毛状的黑色霉层，好似黏附一层烟煤，后期霉层上散生许多黑色小点或刚毛状突起物。

发生规律：蚜虫、介壳虫及粉虱等害虫发生严重的梨园，煤烟病发生也重。种植过密，通风不良或管理粗放的果园发生重。

梨煤烟病病叶正面

梨煤烟病病叶背面

防治方法：①健康栽培，增强树势。合理密植和施肥，适当修剪，使果园通风透光良好，减轻发病。②治虫防病。在挂果的前期喷药防治蚜虫、介壳虫及粉虱等害虫，是防治该病的关键，药剂可参照蚜虫、介壳虫的防治方法。③化学防治。在发病初期可选用0.3%～0.5%倍量式波尔多液或70%甲基硫菌灵可湿性粉剂600～800倍液喷雾；早春萌芽前喷布松碱合剂或柴油乳剂50倍液，或机油乳剂60倍液。

苔藓

苔藓是一类绿色低等植物，以假根附着于枝干上吸收梨树体的水分和养分。

为害状：苔藓为害梨树初期树体表面紧贴一层绿色绒毛状、片状不规则形的寄生物，后逐渐扩大，最终包围整个树干、枝条或布满整张叶片，削弱植株的光合作用，致使树体生长不良，树势衰退。

苔藓为害梨树主干　　　　　　苔藓为害梨树枝杈

防治方法：①化学防治。在早春清园或苔藓发展蔓延时，喷布松碱合剂（清园时用8～10倍液，生长期用12～15倍液），或0.8%～1%等量式波尔多液，或1%～1.5%硫酸亚铁溶液。②药剂涂干。在患部涂上3～5波美度石硫合剂或10%波尔多浆或20%石灰乳。③合理修剪。结合修剪，去除发病枝条。

梨霉心病

梨霉心病是梨储藏期病害。是由多种弱寄生真菌复合侵染所致。其中常见病菌有交链孢、镰刀菌、粉红单端孢等。

症状：在梨的心室壁上形成褐色、黑褐色病斑，随后果心变成黑褐色，病部长出灰色或白色菌丝。病菌继续往外扩展，造成果实由里向外腐烂，达到果面后，则成为湿腐状烂果。

防治方法：① 清洁果园，减少菌源。及时收集落果、病果，深埋销毁。② 喷药预防。梨树发芽前全树喷洒3波美度石硫合剂。③ 化学防治。谢花2/3、幼果期，喷洒50%多菌灵可湿性粉剂800～1 000倍液。生长期结合防治轮纹病进行防治。

梨霉心病果心变黑褐色腐烂

梨青霉病

梨青霉病是梨储藏期病害，病原为扩展青霉[*Penicillium expanaum* Tl(Link)Thom]。

症状：发病初期在果面伤口处产生淡黄褐色小病斑，扩大后病组织水渍状、软腐，呈圆锥形向心室腐烂，具刺鼻的发霉气味。温度适宜时很快全果烂成泥状。病部长出青绿色霉状物。

防治方法：① 减少伤果，剔除病果。病菌主要由伤口及气孔侵入，因此在采收、包装、运输、储藏各个环节，尽量避免造成伤口，以减少病菌侵入。储藏时剔除刺伤、碰伤和虫伤果，及时去除病果，防止传染。② 药剂防治。储前可用70%甲基硫菌灵可湿性粉剂600倍液，或45%噻菌灵悬浮剂3 000～4 000倍液，或75%抑霉唑硫酸盐可溶性粒剂1 500～2 500倍液喷雾。

梨青霉病病果表面

梨果柄基腐病

梨果柄基腐病是梨储藏期病害，主要由交链孢菌、小穴壳菌、束梗孢等真菌复合侵染所致。

症状：从果柄基部开始腐烂发病。分3种类型：①水烂型。开始在果柄基部产生淡褐色、水渍状溃烂斑，很快全果腐烂。②褐腐型。从果柄基部开始产生褐色溃烂病斑，往果面扩展腐烂，烂果速度较水烂型慢。③黑腐型。果柄基部开始产生黑色腐烂病斑，向果面扩展，烂果速度较褐腐型慢。以上3种类型通常混合发生。

梨果柄基腐病病果　　　　　　　梨果柄基腐病病果剖面

防治方法：①减少伤果。采收时和采后尽量不摇动果柄，防止内伤。②注意储藏湿度。贮藏时湿度保持在90%～95%，防止果柄干燥枯死。③药剂防治。采后用50%多菌灵可湿性粉剂1 000倍液洗果，有一定防治效果。

梨黑皮病

梨黑皮病是梨储藏期病害。

症状：梨果在贮藏期，果皮表面产生不规则的黑褐色斑块，重者连成大片，甚至蔓延到整个果面，而皮下果肉却正常、

梨黑皮病病果表面的黑色污斑

不变褐，基本不影响食用，仅影响外观和商品价值。

防治方法：①药剂防治。用1 000毫克/千克乙氧基喹啉药液浸过的药纸包果储藏，可显著减轻病害发生。②及时采收，加强采后管理。适期采收，采后及时入库预冷，防止堆放果园内风吹、日晒、雨淋。

2.非侵染性病害

缺氮

梨树缺氮是生理病害之一。

症状：轻度缺氮叶色呈黄绿色，严重缺氮时，新梢基部老叶逐渐失绿变为黄色，并不断向顶端发展，使新梢嫩叶也变为黄色，同时新生的叶片变小，叶柄与枝条成钝角，枝条细长而硬，皮色呈淡红褐色。

叶片缺氮失绿　　　　　　　　　　　缺氮叶片发黄

防治方法：9月中下旬环施或沟施有机肥，幼龄果园每亩年产果3 000～5 000千克，成龄果园年产果5 000千克以上，施氮素5～10千克；萌芽和花芽分化前追施氮肥，幼龄树亩施纯氮5～8千克，成龄树施10～12千克，生长期间可往树冠上喷布0.3%～0.5%尿素溶液。

缺铁

梨树缺铁是生理病害之一。

症状：多从新梢顶部嫩叶开始显症，初期叶肉失绿变黄，叶脉两侧仍保持绿色，叶片呈绿网纹状，较正常叶小。随着病情加重，黄化程度愈加发展，致使全叶呈黄白色，叶片边缘开始产生褐色焦枯，严重者叶片焦枯脱落，顶芽枯死。常发于低洼积水的黏重土壤和碱性土壤。

梨树缺铁病叶片呈绿网纹状、穿孔

梨树缺铁症叶肉失绿变黄，叶脉两侧仍保持绿色，叶片边缘焦枯

梨树缺铁症全株症状

梨树缺铁严重时全叶呈黄白色

防治方法：①科学施肥。增施人畜粪、绿肥等有机肥，改良土壤，提高土壤有机质含量。②补铁。对发病严重的梨园，于发芽展叶后喷0.2%～0.5%硫酸亚铁溶液或喷施黄叶灵200倍液或柠檬酸铁1 000倍液。

缺锌

梨树缺锌是一种生理病害。

症状：缺锌导致梨树生长素减少，新梢叶片狭小，叶缘向上不伸展，叶色淡绿，节间缩短，形成簇生小叶，常称之为"小叶病"，且花芽减少，不易坐果，即使坐果，果实较小且发育不良。严重时，早春芽不能萌发或萌发后死亡，或从新梢基部向上落叶，而致新梢呈"光腿"现象。

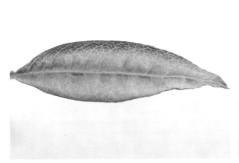

梨树缺锌叶片叶缘不伸展，叶绿素减少

梨树缺锌新叶狭小，叶色淡绿

防治方法：①科学施肥。增施有机肥，改良土壤，合理施肥，平衡土壤养分。②补锌。芽前喷施0.4%～0.5%硫酸锌，或结合施基肥株施0.1～0.2千克硫酸锌。

缺硼

梨树缺硼是一种生理病害。

症状：新梢上的叶片色泽不正常，有红叶出现。中下部叶色虽正常，但主脉两侧凸凹不平，叶片不展，有皱纹，色淡。发病严重时，花芽从萌发到开绽期陆续干缩枯死，新梢仅有少数萌发或不萌发，形成秃枝、干枯。果实缺硼，不能正常

梨缺硼果

梨缺硼果纵剖面　　　　　　　　梨缺硼果横剖面

发育，成为凹凸不平的坚硬果、畸形果，果心维管束变褐、木栓化，果肉略有苦味。

防治方法：①施肥、灌水、改土。深翻改土，增施有机肥。开花前后充分灌水，可明显减轻危害。②补施硼肥。开花前、花期、花后喷洒0.25%硼砂溶液。秋冬结合施基肥，每株结果大树施硼砂0.1～0.2千克。

缺镁

梨树缺镁是一种生理病害。

症状：先从枝的基部叶开始显症，失绿叶表现为叶脉间变为淡绿色或淡黄色，呈肋骨状失绿，枝条上部叶呈深棕色，叶片上叶脉间可产生枯死斑。严重时枝条基部开始落叶，酸性土壤和沙质土壤易发生缺镁。

防治方法：①改良土壤。红黄壤土酸性高，可施石灰降低酸度，增加肥效。②补施镁肥。成年树可

梨树缺镁叶片脉间褪绿，呈肋骨状

株施0.25～0.5千克硫酸镁，或于新梢封顶后叶面喷施1%～3%硫酸镁溶液2～3次。

日灼病

日灼病是一种生理性病害，也称日烧病，南、北方梨树均可发生，但尤以干旱年份发生较重。常发生在梨树的枝干、叶片及果实上。

症状：叶片受害，出现变色斑块，最后局部干枯；枝干受害，树皮变色、产生斑点，最后局部干枯；果实发病，产生近圆形或不规则形的褐色坏死斑。

梨树叶片表面烫伤状

梨树叶片受害，出现变色斑块，最后局部干枯

防治方法：①涂白。树干涂白，反射太阳光，以缓和果树表皮受温度剧变的刺激。②合理修剪、灌溉。修剪时及时疏果，适当多留西南侧果树枝条，增加果树叶片数量，以减少阳光直射果树枝干和果实。同时还要保证夏季高温期间果树的水分供应，6—8月定期灌水或人工喷水，减低树体温度。③避免在高温烈日下喷药。

裂果

一般在果实第一次快速生长末期和果实第二次快速生长（膨大）前期发生纵裂。在浙江中部梨区于5月下旬至6月上旬发生，主要发生在青皮品种上，如新世纪、翠冠等。

防治方法：①施肥改土。深翻改土，增施有机肥。每年秋冬每667米^{2}梨园施腐熟厩肥2 500～3 000千克，酸性土壤结合施石灰50～70千克，改良土壤。生长期平衡施肥，避免偏施氮肥。②化学防治。在梨树谢花和幼果快速生长期，结合病虫害防治喷布氨基酸钙600倍液或绿芬威1000倍液，隔10～15天1次，连喷2～3次。③健康栽培。改善园地条件，提倡深沟高畦栽培。避免雨季积水，高温干旱季节实施地面割草覆盖。此外，应适时防治黑星病、黑斑病等病害。

梨裂果症状

梨裂果症状

风害

主要是指台风危害，梨果体大量重、柄长蒂脆，易受台风影响碰擦损伤或脱落。

预防：①稳固树体。对结果多、负荷重的梨树，特别是初投产、主干主枝细长尚不牢固的树，要用木桩或木棒加固。②及时采收。注意收听有关台风的预报消息，在台风

受台风危害造成的果面损伤及后期疤痕

受台风危害造成的果面损伤及后期疤痕

来临之前对可以采收的果实尽量采收，以减轻树体负荷，减少落果。③防病。台风来临之前喷代森锰锌可湿性粉剂等保护性杀菌剂，台风过后及时喷苯醚甲环唑水分散粒剂等低毒低残留的内吸性杀菌剂，并及时处理被台风吹断吹裂的枝条。

二、梨树害虫

1.花芽叶害虫

黄刺蛾

学名：*Cnidocampa flavescens* Walker

黄刺蛾属鳞翅目刺蛾科。可为害梨、枣、核桃、柿、枫杨、苹果、杨等90多种植物。为害梨树的刺蛾主要有5种，即黄刺蛾、棕边绿刺蛾、双齿绿刺蛾、扁刺蛾、褐刺蛾。

为害状：几种刺蛾为害状相似，均以幼虫为害叶片。低龄幼虫啃食叶肉，仅留表皮，被害叶呈网状，幼虫长大后将叶片吃成缺刻，严重时仅残留叶柄及主脉，严重影响树势和果实产量。

形态特征：成虫体肥大，黄褐色，头、胸及腹前后端背面黄色。触角丝状，灰褐色。前翅黄色，顶角至后缘基部1/3处和臀角附近各有1条

黄刺蛾为害造成缺刻

黄刺蛾为害后的叶片

棕褐色斜纹；沿翅外缘有棕褐色细线；黄色区有2个深褐色斑。后翅淡黄褐色，边缘色较深。卵椭圆形，扁平，表面有线纹。幼虫体长16～25毫米，肥大，呈长方形，黄绿色，背面有1紫褐色哑铃形大斑。胴部第二节以后各节有4个横列的肉质突起，上生刺毛与毒毛。气门红褐色。气门上线黑褐色，气门下线黄褐色，第一至七腹节腹面中部各有1扁圆形"吸盘"。蛹椭圆形，黄褐色。茧石灰质坚硬，椭圆形，上有灰白和褐色纵纹似鸟蛋。

黄刺蛾成虫

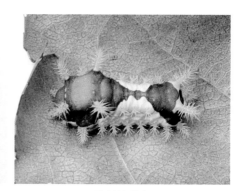

黄刺蛾幼虫

黄刺蛾蛹

黄刺蛾茧

黄刺蛾羽化后的茧壳

发生规律：在浙江1年发生2代，北方1代。以老熟幼虫在树枝上结茧越冬。幼虫老熟后即在枝条上作茧化蛹。1代区成虫出现于6月中旬，幼虫发生期在7月中旬至8月下旬。2代区成虫发生盛期在5月上中旬，第一代幼虫发生期在6月上旬至7月中旬，第一代成虫发生期为7月中下旬至8月下旬，盛期为8月上中旬，第二代幼虫发生期为8月上旬至9月中旬。

防治方法：①结合修剪灭杀。早春、7—8月和冬季结合果树修剪，彻底清除、敲破或刺破虫茧。在幼虫孵化盛期摘除有虫的叶片，集中杀灭。②诱杀。利用成虫趋性，在各代成虫发生期用性诱剂和黑光灯或频振式杀虫灯诱捕成虫。③摘除虫叶。夏季幼虫群集为害时，摘除虫叶，人工捕杀幼虫。④化学防治。幼虫密度大时在初龄幼虫发生盛期喷药防治。药剂可用1%阿维菌素乳油、2.5%溴氰菊酯乳油2 000～3 000倍液，或10%联苯菊酯乳油、2.5%氯氟氰菊酯乳油2 500～3 000倍液，或1%甲氨基阿维菌素苯甲酸盐乳油2 000～3 000倍液，或25%灭幼脲3号胶悬剂1 000～1 500倍液等。

褐边绿刺蛾

学名：*Latoia consocia* Walker

褐边绿刺蛾又名青刺蛾、棕边绿刺蛾、四点刺蛾、曲纹绿刺蛾、洋辣子，属鳞翅目刺蛾科绿刺蛾属。为害苹果、梨、桃、李、杏、梅、樱桃、枣、柿、核桃、板栗、山楂、大叶黄杨、月季、海棠、桂花、牡丹、芍药和杨、柳、悬铃木、榆等。

为害状：同"黄刺蛾"。

形态特征：成虫头胸背面绿色，腹背灰褐色，末端灰黄色；触角雄羽状、雌丝状；前翅绿色，基斑和外缘带暗灰褐色，其上散布暗紫色鳞片，内缘线和翅脉暗紫色，外缘线暗褐色，后翅灰褐色，臀角稍灰黄。卵扁平椭圆形，光滑，初产时乳白色，渐变为黄绿至淡黄色。初孵化幼虫黄色，长大后变为绿色。幼虫头小，黄色，缩在前胸下面；体黄绿色，前胸盾上有2个横列黑斑，腹部背线蓝色；胴部第二至末节每节有4个毛瘤，其上生1丛刚毛，第四节背面的1对毛瘤上各有3～6根红色刺毛，腹部末端的4个毛瘤上生蓝黑色刚毛丛，呈球状，背线绿色，两侧有深蓝色点；腹面浅绿色；胸足小，无腹足，第一至七节腹面中部各有1个扁圆形吸盘；末龄幼虫体略呈长方形，圆柱状。蛹椭圆形，肥大，黄褐色，包被在椭圆形棕色或暗褐色似羊粪状的茧内。

褐边绿刺蛾成虫（王洪平提供）

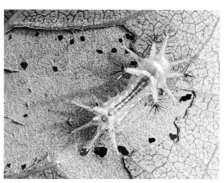

褐边绿刺蛾低龄幼虫

褐边绿刺蛾幼虫

褐边绿刺蛾老熟幼虫

发生规律：在东北和华北地区1年发生1代，河南和长江下游地区为2代，以老熟幼虫在枝条上结茧越冬。在发生1代区，越冬幼虫于5月中下旬开始化蛹，6月中旬羽化，在6月下旬开始见初孵幼虫，8月为害最重。在发生2代区，成虫发生期在5月下旬至6月中旬，第一代幼虫发生期在6月中旬，成虫发生期在8月中下旬。

褐边绿刺蛾茧

第二代幼虫发生期在8月下旬至10月中旬。成虫昼伏夜出，有趋光性。幼虫有群居习性，四龄以后逐渐分散为害，并能迁移到邻近的树上为害。

防治方法：参考"黄刺蛾"。

丽绿刺蛾

学名：*Parasa lepida* (Cramer)

丽绿刺蛾为鳞翅目刺蛾科。主要为害茶、梨、柿、枣、桑、油茶、油桐、苹果、芒果、核桃、咖啡、刺槐等。

为害状：幼虫食害叶片，低龄幼虫取食表皮或叶肉，致叶片呈半透明枯黄色斑块。大龄幼虫食叶成较平直缺刻，严重的把叶片吃至只剩叶脉，甚至叶脉全无。

形态特征：成虫头顶、胸背绿色。胸背中央具1条褐色纵纹向后延伸至腹背，腹部背面黄褐色。雌蛾触角基部丝状，雄蛾双栉齿状，雌、雄蛾触角上部均为短单相齿状。前翅绿色，肩角处有1块深褐色尖刀形基斑，外缘具深棕色宽带；后翅浅黄色，外缘带褐色。前足基部生1绿色圆斑。卵扁平光滑，椭圆形，浅黄绿色。末龄幼虫粉绿色；身被刚毛，与毒腺相通，内含毒液；背面稍白，背中央具紫色或暗绿色带3条，亚背区、亚侧区各具1列带短刺的瘤，前面和后面的瘤红色。蛹椭圆形。茧棕色，较扁平，椭圆或纺锤形。

发生规律：1年发生2代，以老熟幼虫在枝干上结茧越冬。翌年5月上旬化蛹，5月中旬至6月上旬羽化为成虫并产卵。一代幼虫为害期为6月中旬至7月下旬，二代为8月中旬至9月下旬。成虫有趋光性，雌蛾喜晚上产卵于叶背，十多粒或数十粒排列成鱼鳞状卵块，上覆一层浅黄色胶状物。低龄幼虫群集性强，三、四龄开始分散。老熟幼虫在中下部枝干上结茧化蛹。

防治方法：参考"黄刺蛾"。

丽绿刺蛾成虫

丽绿刺蛾幼虫

丽绿刺蛾高龄幼虫　　　　　　丽绿刺蛾茧

双齿绿刺蛾

学名：*Parasa hilrata* (Staudinger)

为害状：参考"黄刺蛾"。

形态特征：成虫头部、触角、下唇须褐色，头顶和胸背绿色，腹背苍黄色。雄蛾触角栉齿状，雌蛾丝状。前翅绿色，基斑和外缘带暗灰褐色，其边缘色深，基斑在中室下缘呈角状外突，略呈五角形；外缘带较宽与外缘平行内弯，其内缘在Cu2处向内突呈1大齿，在M2上有1较小的齿突，故得名，这是本种

双齿绿刺蛾成虫

与中国绿刺蛾区别的明显特征。后翅苍黄色，外缘略带灰褐色，臀角暗褐色，缘毛黄色。卵椭圆形扁平、光滑，初产乳白色，近孵化时淡黄色。幼虫体长约17毫米，蛞蝓形，头小，大部缩在前胸内，头顶有两个黑点，胸足退化，腹足小；体黄绿至粉绿色，背线天蓝色，两侧有蓝色线，亚背线宽，杏黄色，各体节有4个枝刺丛，以后胸和第一、七腹节背面的1对较大且端部呈黑色，腹末有4个黑色绒球状毛丛。蛹椭圆形，肥大，初乳白至淡黄色，渐变淡褐色，复眼黑色。茧扁椭圆形，钙质，较硬，色多同寄主树皮色，一般为灰褐色至暗褐色。

双齿绿刺蛾幼虫（王洪平提供）　　　双齿绿刺蛾幼虫群集为害

发生规律：在山西、陕西1年发生2代，以幼虫在枝干上结茧越冬。山西太谷4月下旬开始化蛹5月中旬开始羽化，越冬代成虫发生期为5月中旬至6月下旬。成虫昼伏夜出，有趋光性，对糖醋液无明显趋性。卵多产于叶背中部、主脉附近，块生，形状不规则，多为长圆形，每块有卵数十粒，单雌卵量百余粒。第一代幼虫发生期8月上旬至9月上旬，第二代幼虫发生期8月中旬至10月下旬，10月上旬始陆续老熟，爬到枝干上结茧越冬，以树干基部和粗大枝杈处较多，常数头至数十头群集。

防治方法：参考"黄刺蛾"。

扁刺蛾

学名：*Thosea sinensis* (Walker)

扁刺蛾又名黑点刺蛾，属鳞翅目刺蛾科。为害柑橘、苹果、梨、桃、李、杏、樱桃、枣、柿、枇杷、核桃等40多种植物。

为害状：参考"黄刺蛾"。

形态特征：成虫体暗灰褐色，腹面及足色深，触角雌丝状，基部10多节呈栉齿状，雄羽状。前翅灰褐稍带紫色，中室外侧有1明显的暗褐色斜纹，中室上角有1黑点，雄蛾较明显。卵扁椭圆形，淡黄绿色，脊隆起。幼虫体扁椭圆形，背稍隆似龟背，绿色或黄绿色，背线白色、边缘蓝色；体两侧各有10个瘤状突起，上生刺毛，各节背面有2小丛刺毛，第四节背面两侧各有1个红点。蛹前端较肥大，近椭圆形，初乳白色，近羽化时变为黄褐色。茧椭圆形，暗褐色。

扁刺蛾成虫

扁刺蛾成虫展翅状

扁刺蛾低龄幼虫

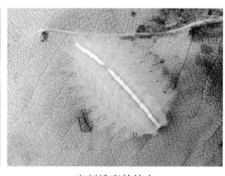

扁刺蛾高龄幼虫

　　发生规律：长江下游地区1年发生2代，少数3代，北方发生1代。以老熟幼虫在树周3～6厘米土层内结茧越冬。4月中旬开始化蛹，5月中旬至6月上旬羽化。第一代幼虫发生期为5月下旬至7月中旬，第二代幼虫发生期为7月下旬至9月中旬，第三代幼虫发生期为9月上旬至10月。在北方果区，越冬幼虫于翌年5月中旬化蛹，6月上旬羽化，成虫发生盛期在6月中下旬至7中旬，幼虫为害盛期在8月。

扁刺蛾茧

　　防治方法：参考"黄刺蛾"。

褐刺蛾

学名：*Setora postornata* (Hampson)

褐刺蛾又名桑刺蛾、红绿刺蛾、毛辣虫等，属鳞翅目刺蛾科。为害柑橘、桃、梨、柿等。

为害状：参考"黄刺蛾"。

形态特征：成虫全体土褐色至灰褐色。前翅褐色，前缘近2/3处至近肩角和近臀角处各具1暗褐色或深褐色弧形横带，似"八"字形伸向后缘，外横线较垂直。雌蛾体色、斑纹较雄蛾浅。卵扁椭圆形，黄色。老熟幼虫体黄色，背线天蓝色，每体节于亚背线着生枝刺1对，其中，中胸、后胸及第一、五、八、九腹

褐刺蛾成虫

节上的枝刺特别长。从后胸至第八腹节，每节于气门上线着生枝刺1对，长短均匀，每根枝刺上着生带褐色呈散射状的刺毛。茧灰褐色，椭圆形，表面有深褐色小点。

发生规律：1年发生2～4代，以老熟幼虫在树干附近土下3～7厘米处结茧越冬。6月上中旬为羽化和成虫产卵盛期，第一代幼虫于6月中旬出现，

褐刺蛾卵

褐刺蛾低龄幼虫

褐刺蛾不同体型幼虫

第二代幼虫于8月中下旬至9月中下旬出现。3代区成虫分别在5月下旬、7月下旬、9月上旬出现。

防治方法：参考"黄刺蛾"。

梨娜刺蛾

学名：*Narosoideus flavidorsalis*

梨娜刺蛾为鳞翅目刺蛾科娜刺蛾属。以幼虫为害梨、枣、核桃、柿、枫杨、苹果、杨等90多种植物。

为害状：参考"黄刺蛾"。

形态特征：成虫黄褐色，雌虫触角丝状，雄虫触角羽毛状；胸部背面有黄褐色鳞毛。前翅黄褐色至暗褐色，外缘为深褐色宽带，前缘有近似三角形的褐斑；后翅褐色至棕褐色，缘毛黄褐色。卵扁圆形，白色，数十粒至百余粒排列成块状。老熟幼虫体长22～25毫米，暗绿色，各体节有4个横列小瘤状突起，其上生刺毛，其中前胸、中胸和第六、第七腹节背面的刺毛较大而长，形成枝刺，伸向两侧，黄褐色。蛹黄褐色。茧椭圆形，土褐色。

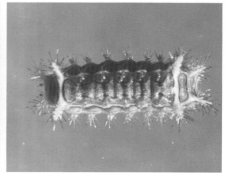

梨娜刺蛾成虫（王洪平提供）　　　梨娜刺蛾幼虫（王洪平提供）

发生规律：1年发生1代，以老熟幼虫在土中结茧，以前蛹越冬，翌春化蛹，7—8月出现成虫。成虫昼伏夜出，有趋光性，产卵于叶片上。幼虫孵化后取食叶片，发生盛期在8—9月。

防治方法：参考"黄刺蛾"。

绿尾大蚕蛾

学名：*Actias selene ningpoana* Felde

绿尾大蚕蛾别名水青蛾、长尾月蛾，为害苹果、梨、葡萄、枣、核桃、樱桃等，属鳞翅目大蚕蛾科。

为害状：幼虫食叶，初孵幼虫群集取食，二、三龄后分散，低龄幼虫食叶成缺刻或孔洞，稍大便把全叶吃光，仅残留叶柄或粗脉。

形态特征：成虫体粗大，体被白色絮状鳞毛而呈白色。头部两触角间具紫色横带1条，触角黄褐色羽状。翅淡青绿色，基部具白色絮状鳞毛，翅脉灰黄色较明显，缘毛浅黄色；前翅前缘具白、紫、棕黑三色组成的纵带1条，与胸部紫色横带相接。后翅臀角长尾状，前、后翅中部中室端各具椭圆形眼状斑1个，斑中部有1透明横带，从斑内侧向透明带依次由黑、白、红、黄四色构成。卵扁圆形，初绿色，近孵化时褐色。幼虫体长80～100毫米，体黄绿色粗壮，体节近六角形，着生肉突状毛瘤，前胸5个，中、后胸各8个，腹部每节6个，毛瘤上具白色刚毛和褐色短刺；中、后胸及第八腹节背上毛瘤大。蛹椭圆形，紫棕色。茧椭圆形，丝质粗糙，灰褐至黄褐色。

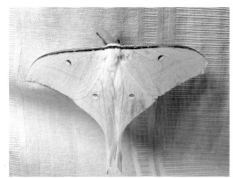

绿尾大蚕蛾成虫

绿尾大蚕蛾卵

绿尾大蚕蛾初孵幼虫

绿尾大蚕蛾幼虫

绿尾大蚕蛾茧蛹背面

发生规律： 1年发生2代，以茧蛹附在树枝或枯草内越冬。翌年5月中旬羽化、交尾、产卵。第一代幼虫于5月下旬至6月上旬发生，7月下旬至8月为第一代成虫发生期。第二代幼虫8月中旬始发，为害至9月中下旬，陆续结茧化蛹越冬。

防治方法：秋后至发芽前清除落叶、杂草，并摘除树上虫茧，集中处理。利用黑光灯诱杀成虫。一般不需单独防治，结合其他害虫防治即可。

梨星毛虫

学名：*Illiberis pruni* Dyar

梨星毛虫又名梨叶斑蛾、梨狗子、裹叶虫，幼虫俗称饺子虫等，属鳞翅目斑蛾科，是梨树的主要食叶性害虫。可为害梨、苹果、海棠、桃、杏、樱桃和沙果等果树。

为害状：以幼虫食害花芽、花蕾和叶片，梨花芽露绿时，越冬幼虫开始为害花芽、花蕾及半开放的花，芽和花蕾被钻蛀成孔洞，被害处有黄褐色黏液溢出，被害芽、花蕾变黑枯死。花谢后幼虫吐丝将嫩叶缀合成饺子状，藏匿其中取食，食尽叶肉，残留叶脉成网纹状，被害叶变黄、焦枯。

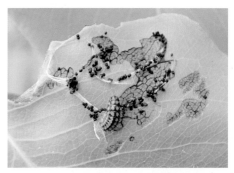

梨星毛虫低龄幼虫及为害状

梨星毛虫为害造成"饺子"叶

梨星毛虫为害叶

形态特征：成虫全身灰黑色。触角黑色，雄虫双栉齿状，雌虫单栉齿状。前翅灰黑色，半透明，翅脉清晰，翅面上有短鳞毛，翅缘浓黑色。卵扁椭圆形，刚产时白色，渐变黄白色，近孵化时黑褐色，密集排列成圆形块状。初孵幼虫浅紫褐色。老龄幼虫淡黄色，纺锤形，头小、黑褐色、缩于前胸内。中、后胸和腹部第一至八节背面两侧各有1圆形黑斑，体上着生白毛。蛹初为黄白色，渐变成黑褐色，外被两层灰白色丝质薄茧。

梨星毛虫成虫（左雌右雄）

梨星毛虫成虫交尾（雄上雌下）

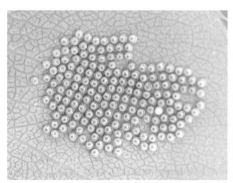

梨星毛虫卵

梨星毛虫卵及初孵幼虫

梨星毛虫高龄幼虫

梨星毛虫蛹

梨星毛虫蛹侧背面　　　　　　　　梨星毛虫蛹侧腹面

发生规律：辽宁、河北梨区1年发生1代，河南、陕西、浙江2代，均以幼龄幼虫在主干粗皮裂缝里、根颈部附近土里结茧越冬。1代区的辽宁梨区，越冬代成虫于6月中旬至7月中旬出现，盛发期在7月上旬；2代区的陕西关中梨区，越冬代成虫5月下旬至6月中旬发生，盛期为6月上旬，第一代成虫8月上旬至下旬出现。在浙江4月中下旬和6月下旬至7月上旬为幼虫为害盛期。

防治方法：①刮除裂翘皮、摘虫苞灭虫。冬春季刮除主干、主枝粗裂、翘皮，连同越冬幼虫集中销毁，消灭虫源。生长季摘除苞叶虫。②药剂防治。抓住越冬幼虫出蛰害芽期和第一代幼虫发生始盛期喷施药剂，具体药剂可参考"黄刺蛾"。

杏星毛虫

学名：*Illiberis psychina* Oberthur

杏星毛虫又名杏毛虫、梅熏蛾、桃斑蛾、红褐杏毛虫等，属鳞翅目斑蛾科。主要为害桃、杏、梨、柿的芽、花及嫩叶。

形态特征：成虫全体黑色，有蓝色光泽，翅半透明，布黑色鳞毛，翅脉、翅缘黑色，雄虫触角羽毛状，雌虫短锯齿状。卵椭圆形，初产淡黄色，后中部稍凹陷，白至黄褐色。老熟幼虫头褐色，很小，背面赤褐色，腹部各节具横列毛瘤6个，毛丛中有白色细短毛数根，腹面紫红色。蛹椭圆形，淡黄至黑褐色。茧椭圆形，丝质物稍薄，淡黄色，外常附泥土、虫粪等。

杏星毛虫不同体型幼虫

为害状：幼虫主要为害芽、花、叶，为害刚萌动的幼芽，严重的导致幼芽枯死。初孵幼虫咬食叶肉，使叶片呈许多斑点，后食叶造成缺刻和孔洞，甚者将叶片吃光。

杏星毛虫茧

发生规律：1年发生1代，主要以初龄幼虫在裂缝中和树皮缝、枝杈及枯枝叶下结茧越冬。树体萌动时开始出蛰，最初先蛀食幼芽，后为害蕾、花及嫩叶，其间如遇寒流侵袭，则返回原越冬场所隐蔽。越冬代幼虫5月中下旬老熟，第一代幼虫于6月中旬始见，7月上旬结茧越冬。5月中旬老熟幼虫开始结茧化蛹，一般在树干周围的各种覆盖物下、皮缝中。6月上旬成虫羽化交配产卵，卵多产在树冠中、下部老叶背面，块生，卵粒互不重叠。

防治方法：参考"黄刺蛾"。

天幕毛虫

学名：*Malacosoma neustria testacea* Motschulsky

天幕毛虫又名天幕枯叶蛾、梅毛虫，属鳞翅目枯叶蛾科。为害梨、苹果、海棠、桃、李、杏等果树和杨、柳、榆等林木。

形态特征：雌成虫体褐色，复眼黑色，触角略呈锯齿状，前翅中央有

1条赤褐色宽横带，两边各有1条浅黄色横线。雄体黄褐色，触角羽毛状，前翅有2条深褐色细横线，两横线中间色泽稍深，形成一宽带。卵圆筒形，灰白色，数百粒密集环绕在枝条上。初孵幼虫黑色。老熟幼虫体长50～55毫米，头蓝黑色，生有许多淡褐色细毛，散布着黑点，体为暗青色或蓝黑色，体背疏生黑色长毛，背线黄白色，两侧各有2条橙黄色条纹，腹部各节背面生有数个黑色毛瘤，其上生黄白色长毛。蛹初为黄褐色，后变为黑褐色。蛹外被椭圆形黄白色丝质双层茧，其上常附有淡灰色粉状物。

天幕毛虫雌成虫（王洪平提供）

天幕毛虫雄成虫（王洪平提供）

天幕毛虫幼虫（王洪平提供）

为害状：幼龄幼虫食害嫩芽、新叶及叶片，并吐丝结网，群集网中取食叶片，被害叶最初呈网状，以后出现缺刻或只剩叶脉或叶柄，发生严重时能将叶片吃光。

发生规律：1年发生1代，以幼虫在枝条上的卵壳内越冬。一至四龄幼虫白天群集在网幕中，晚间取食叶片，以后转移到枝杈处吐丝结网，五龄幼虫离开网幕分散到全树暴食叶片。成虫发生盛期在6月中旬，羽化后即可交尾产卵。

防治方法：①杀灭卵和低龄幼虫。结合梨树冬剪，彻底清除有卵枝条。

低龄幼虫结的网幕容易识别，应经常检查果园，发现后彻底消灭。②振落捕杀大龄幼虫。利用大龄幼虫遇振动下坠的习性，振树捕杀幼虫。③化学防治。幼虫孵化期（即梨芽萌发期）是防治的关键时期，可选用90%晶体敌百虫800～1 000倍液，或25%灭幼脲2号1 000倍液，或50%辛硫磷乳油1 500倍液喷雾。

斜纹夜蛾

学名：*Prodenia litura* (Fabricius)

斜纹夜蛾俗称花虫、黑头虫，属鳞翅目夜蛾科，是一种暴食性、杂食性、喜温、喜湿害虫，寄主范围极广，是我国农业生产上的主要害虫种类之一。

为害状：斜纹夜蛾为害梨树，以幼虫咬食叶、蕾、花及果实。卵产在叶背，初孵化幼虫在叶背群集为害，残留透明的上表皮，使叶形成纱窗状；三龄后分散为害，取食叶片或较嫩部位造成许多小孔；四龄以后随虫龄增加食量骤增，除啃食叶片外，还可蛀食多种作物的花和果实。

斜纹夜蛾幼虫为害梨树叶片

斜纹夜蛾低龄幼虫及为害状

形态特征：成虫体深褐色。前翅灰褐色，前翅环纹和肾纹之间有3条白线组成明显的较宽斜纹，呈波浪形，故名斜纹夜蛾。自基部向外缘有1条白纹，外缘各脉间有一黑点。前后翅常有水红色至紫红色闪光。后翅白色，无斑纹。卵馒头状、块产，表面覆盖有灰黄色或棕黄色的疏松绒毛。老熟幼虫头部黑褐色，体色多变，胴部体色因寄主和虫口密度不同而呈土黄色、青黄色、灰褐色或暗绿色，背线、亚背线及气门下线均为灰黄色及橙色。从中胸到第九腹节上有近似三角形的黑斑各1对，其中第一、第七、第八腹节上的黑斑最大。蛹赭红色，腹背面第四至七节近前缘处有一小刻点，有1对强大的臀刺，刺基分开。气门黑褐色，椭圆形隆起。

斜纹夜蛾成虫 　　　　　　　　　　斜纹夜蛾卵块

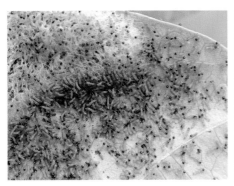

斜纹夜蛾初孵幼虫

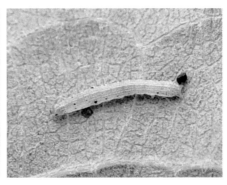

斜纹夜蛾低龄幼虫

斜纹夜蛾不同体色幼虫

斜纹夜蛾蛹

发生规律：长江流域1年发生5～6代，华北地区4～5代，华南地区8～9代，以蛹在土下3～5厘米处越冬，世代重叠。成虫有强烈的趋光性和趋化性，对糖酒醋液及发酵的胡萝卜、麦芽、豆饼、牛粪等也有趋性，昼伏夜出，飞翔力强。卵多产于高大、茂密、浓绿的边际作物上，以植株中部叶片背面叶脉分叉处最多，卵块上覆盖棕黄色绒毛。初孵幼虫不怕光，聚集叶背附近取食，三龄后分散取食，四龄以后和成虫一样，出现背光性，白天躲在叶下土表处或土缝里，傍晚后爬到植株上取食叶片。幼虫有假死性及自相残杀现象，遇惊扰后四处爬散或吐丝下坠或假死落地。幼虫老熟后，一般在土下3～7厘米处造一卵圆形蛹室化蛹。降雨少、高温干旱，有利于斜纹夜蛾发生，常在夏、秋季大量发生。长江流域多在7—8月大发生，黄河流域多在8—9月大发生。浙江第一至五代发生期分别为6月中下旬至7月中下旬、7月中下旬至8月上中旬、8月上中旬至9月上中旬、9月上中旬至10月中下旬。

防治方法：①诱杀。采用黑光灯或频振式杀虫灯诱杀成虫，或用糖酒醋液诱杀成虫，或用性诱剂诱杀。②人工摘除卵块和杀灭幼虫。根据该虫卵多产于叶背叶脉分叉处和初孵幼虫群集取食的特点，在农事操作中摘除卵块或幼虫群集叶片，可以大幅度降低虫口密度。③化学防治。应用生物农药和高效、低毒、低残留农药，在卵孵高峰至低龄幼虫盛发期，突击用药。最好在三龄前施药，并以傍晚喷药为佳。可选用苜蓿夜蛾核型多角体病毒600～800倍液，或20%虫酰肼悬浮剂600～1 000倍液，或5%氟虫脲乳油、5%定虫隆乳油1 500～2 000倍液，或24%甲氧虫酰肼乳油2 500～3 000倍液，或5%氯虫苯甲酰胺悬浮剂1 000～1 500倍液，或22%氰氟虫腙水分散粒剂600～800倍液，或10%虫螨腈悬浮剂1 000～2 000倍液，或15%唑虫酰胺乳油1 000倍液，高龄幼虫可用15%茚虫威悬浮剂3 500～4 500倍液，或5%甲维盐4 000倍液，5%虱螨脲乳油1 000倍液。隔7～10天1次，连用2～3次。注意农药交替使用。

梨剑纹夜蛾

学名：*Acronicta rumicis* Linnaeus

梨剑纹夜蛾属鳞翅目夜蛾科，为害玉米、白菜(青菜)、苹果、桃、梨等。

为害状：以幼虫食害叶片。初孵幼虫取食嫩叶，初期群集取食，后期分散为害，将叶片吃成孔洞、缺刻，甚至将叶脉也吃掉，仅留叶柄。

形态特征：成虫头、胸部棕灰色或黑灰色，腹部背面浅灰色带棕褐色。前翅有4条横线，基部2条色较深，外缘有1列黑斑，翅脉中室内有1个圆形斑，中室外有1个肾形斑，边缘色深。后翅棕黄至暗褐色，缘毛灰白色。卵半球形，乳白色，渐变为赤褐色。幼虫体长约33毫米，头黑色，体褐至暗褐色，具大理石样花纹，背面有1列黑斑，中央有橘红色点。各节毛瘤较大，簇生褐色长毛。蛹黑褐色。

梨剑纹叶蛾成虫（王洪平提供）

梨剑纹叶蛾幼虫（王洪平提供）

梨剑纹叶蛾幼虫背面观

梨剑纹叶蛾幼虫侧面观

发生规律：1年发生3代，以蛹在土中越冬。越冬代成虫于翌年5月羽化，成虫有趋光性和趋化性，6—7月为幼虫发生期，6月下旬发生第一代成虫，8月上旬出现第二代成虫，9月中旬幼虫老熟后入土结茧化蛹。

防治方法：可参考"斜纹夜蛾"。

桃剑纹夜蛾

学名：*Acronicta incretata* Hampson

桃剑纹夜蛾属鳞翅目夜蛾科，为害樱桃、杏、梅、桃、梨、山楂、苹果。

为害状：初孵幼虫只食叶肉，长大后咬食叶片成孔洞或缺刻。

形态特征：成虫体长约20毫米，棕灰色，触角丝状，灰褐色。前翅灰褐色，在基角及近臀角和外缘处各有显著的黑褐色剑状纹。后翅淡灰褐色，后缘有黄褐色缘毛。卵扁圆形，乳白色，表面有放射状条纹。老熟幼虫体长35～40毫米，体细长，墨绿色，背线黄色，两侧的气门线为红色。腹部第一节及尾

桃剑纹夜蛾幼虫

端第二节上各有一毛疣状突起，腹部第二到第七节各节背面都有1对黑斑，黑斑内有一大一小的白色斑点2个。遍体疏生长毛，背部毛黑色，端部白色，两侧毛灰白色。蛹体细长，深棕褐色，尾端有粗而短的刚毛8根。

发生规律：1年发生3代。以蛹于土中越冬，越冬蛹于5月上旬羽化。3代幼虫的发生期分别为5月中下旬、6月下旬至7月上旬和8月中下旬。

防治方法：可参考"斜纹夜蛾"。

褐带长卷叶蛾

学名：*Homona coffearia* (Meyrick)

褐带长卷叶蛾又名柑橘长卷叶蛾、咖啡卷叶蛾、后黄卷叶蛾、茶卷叶蛾，属鳞翅目卷蛾科。为害柑橘、柿、梨、苹果、桃、枇杷、龙眼、板栗、茶树、油茶等。

为害状：以幼虫为害花器、果实和叶片。初孵幼虫缀结叶尖，低龄幼虫在芽梢上卷缀嫩叶，潜居其中取食上表皮和叶肉，残留下表皮，致卷叶呈枯黄薄膜斑，大龄幼虫食叶成缺刻或孔洞。

形态特征：成虫体暗褐色，头小，头顶有浓褐色鳞片，下唇须上翘至复眼前缘，触角丝状。前翅褐色，雌成虫前翅近长方形，基部有黑褐色斑纹，从前缘中央前方斜向后缘中央后方，有一深褐色褐带，肩角前缘有一明显向上翻折的半椭圆形深褐色加厚部分。后翅为淡黄色。卵扁平，椭圆形，淡黄色半透明，卵块多由数十粒卵排列成鱼鳞状。老熟幼虫体长13～18毫米，体黄绿色，头部黑色或褐色。前胸背板黑褐色，头与前胸相接处有一较宽的白带。蛹黄褐色，第十腹节末端狭小，具8根卷丝状臀棘。

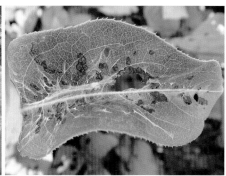

褐带长卷叶蛾幼虫为害状

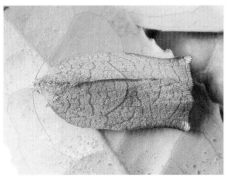

褐带长卷叶蛾雌成虫

褐带长卷叶蛾低龄幼虫

褐带长卷叶蛾高龄幼虫

褐带长卷叶蛾老熟幼虫

褐带长卷叶蛾蛹（背面）　　　　　　　　褐带长卷叶蛾蛹（腹面）

发生规律：在浙江和安徽1年发生4代，以老熟幼虫在卷叶或杂草内越冬。第一至四代幼虫期分别在5月中下旬、6月下旬至7月上旬、7月下旬至8月中旬、9月中旬至翌年4月上旬。

防治方法：参考"苹小卷叶蛾"。

苹小卷叶蛾

学名：*Adoxophyes orana* Fisher von Roslerstamm

苹小卷叶蛾又名棉褐带卷叶蛾、小黄卷叶蛾，属鳞翅目卷蛾科。为害梨、桃、苹果、李、柑橘、枇杷等。

为害状：幼虫取食新芽、嫩叶和花蕾，常吐丝缀连2～3张叶片或纵卷一叶后，匿居其中取食一面叶肉，呈现褐色薄膜或食叶成穿孔或缺刻状。如叶片与果实贴近，则将叶片缀粘于果面，并啃食果皮和果肉，被害果面呈不规则的片状凹陷伤疤，受害部周围常呈木栓化。

苹小卷叶蛾幼虫为害状

　　形态特征：成虫全体黄褐色。前翅深黄色，斑纹褐色，翅面上有2条自前缘向外缘伸出的条纹，外侧1条较细，中部1条的中横带上部窄下部宽或分叉纵倾斜为h形。后翅淡黄褐色。卵扁椭圆形，初产卵淡黄色，半透明。卵粒排列成鱼鳞状。幼虫体长约15毫米，虫体细长，头及前胸背板淡黄白色。小幼虫淡黄绿色，老熟幼虫翠绿色。有臀栉并具6～8根栉齿。蛹黄褐色，腹部第二至七节背有两横列刺突。

苹小卷叶蛾成虫

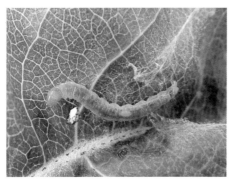

苹小卷叶蛾幼虫

苹小卷叶蛾蛹

　　发生规律：东北、华北梨区1年发生3代，长江流域4代，以小幼虫在枝、干粗皮裂缝里结灰白色茧越冬。翌年春季，越冬幼虫出蛰为害芽和花，新梢展叶时转移至嫩叶卷叶为害。辽宁梨区各代成虫发生盛期：越冬代6月中下旬，第一代8月上旬，第二代9月上旬。

　　防治方法：①清洁果园，减少虫源。及时修剪病虫枝叶、剔除有虫包、卷叶及被害花、果，捡拾落果并销毁；采摘卵块以减少虫口数量。②化学防治。对虫口密度大的果园，重点抓好越冬幼虫出蛰期和第一代幼虫发生期药剂防治，药剂可选2.5%氯氟氰菊酯乳油或2.5%溴氰菊酯乳油2 000～4 000倍液。

顶梢卷叶蛾

学名：*Spilonota lechriaspis* Meyrick

顶梢卷叶蛾又名顶芽卷叶蛾，属鳞翅目卷蛾科。为害苹果、梨、海棠等果树，是北方梨区为害幼树的主要害虫之一。

为害状：幼虫仅为害嫩梢，吐丝将数片嫩叶缠缀成虫苞，并啃下叶背绒毛做成筒巢，潜藏于内。顶梢卷叶团干枯后不脱落。

形态特征：成虫体灰白色，前翅基部1/3处和中部各有一暗褐色弓形横带，后缘近臀角处有一近三角形褐色斑，前缘至臀角间有6～8条黑褐色平行短纹。两鞘翅合拢时，后缘的三角形斑合为菱形。卵散产，扁椭圆形，乳白色。卵壳上有明显的多角形横纹。老熟幼虫体长8～10毫米，污白色，身体粗短，头部、前胸背板和胸足均黑色。蛹纺锤形，黄褐色。

顶梢卷叶蛾成虫（王洪平提供）

顶梢卷叶蛾幼虫（王洪平提供）

发生规律：山东、辽宁、山西1年发生2代，河南、江苏、安徽3代，以二至三龄幼虫在枝梢顶端卷叶内结茧越冬。第一代幼虫主要为害春梢，二、三代幼虫则为害秋梢。

防治方法：①剪除虫枝，减少虫源。结合冬、春修剪，剪除枝梢卷叶团，集中处理，可大大减轻春梢被害。②化学防治。在梨树开花前越冬幼虫出蛰盛期和第一代幼虫发生初期进行药剂防治，药剂可参考"苹小卷叶蛾"。

苹梢夜蛾

学名：*Hypocala subsatura* Guenée

苹梢夜蛾又名苹梢鹰夜蛾、苹果梢夜蛾，属鳞翅目夜蛾科。主要为害苹果、梨、李、柿等。

为害状：幼虫咬食新梢、嫩叶，被害叶片呈絮状缺刻，严重时仅剩下几根主侧脉。幼虫稍大后，全树的新梢生长点被食或咬断，仅留主侧脉及残留碎屑，形成秃梢，少量幼虫还钻蛀幼果。幼苗和幼树受害较重，新梢受害最重。

形态特征：成虫全体棕褐色，下唇须发达，斜向下伸，状似鸟嘴。前翅紫褐色，密布黑褐色细点，外横线和内横线棕色波浪形，肾状纹有黑边，其余线纹不明显，后翅棕黑色，后缘基半部有1黄色回形大斑纹，臀角、近外缘中部和翅中部各有1橙黄色小斑。卵半球形，淡黄色，卵面有放射状隆起纹，近孵化时全体红褐色。老熟幼虫体色多变，常见有3种色型。黑色纵带型：头部黑色，背线绿色，亚背线白色，气门上线宽，呈黑色纵带状，气门线白色；淡绿型：头部黄褐色，体浅绿色，黑色纵带消失，仅存亚背线、气门线4条白色纵线；黑褐型：全体黑褐色，其亚背线、气门线仍为白色，两侧花纹特别明显。蛹红褐色至深褐色，臀刺4个并列。

苹梢夜蛾成虫

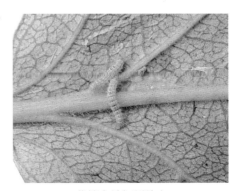

苹梢夜蛾初孵幼虫

发生规律：北方地区、陕西关中等地1年只发生1代，以幼虫在土壤内结茧越冬。辽宁西部地区幼虫发生为害期在6月下旬到7月上中旬，陕西关中为6月下旬至7月。

苹梢夜蛾幼虫不同体型

防治方法：①冬翻灭蛹。冬季深翻树盘，杀死越冬蛹。②人工捕杀。在苗圃地发现零星发生时，可采用人工捕杀幼虫。③化学防治。发生数量较多的年份，在幼虫为害初期喷布50％辛硫磷乳剂1 000倍液，或2.5％溴氰菊酯乳油，或20％氰戊菊酯乳油3 000～4 000倍液，或10％甲氰菊酯乳油2 000倍

苹梢夜蛾蛹

液，或2.5％氯氟氰菊酯乳油2 000～3 000倍液。

柿梢夜蛾

学名：*Hypocala moorei* Buther

柿梢夜蛾又叫柿梢鹰夜蛾，属鳞翅目夜蛾科。是幼龄梨园和苗圃的重要害虫。

为害状：初孵幼虫蛀入半展开的嫩芽苞中取食，二龄幼虫吐丝将顶梢嫩叶卷成半筒状或饺子状，潜身其内，取食新梢顶端部分嫩叶。三龄后幼虫食量增大，常食尽全叶后向下转移。

形态特征：成虫头、胸部灰色有黑点和褐斑，触角褐色，下唇须灰黄色，向前下斜伸，状似鹰嘴；前翅灰褐色，有褐点，前半部在内线以内棕褐色，内、外线明显，亚端线黑色中部外突；后翅黄色，中室有1个黑斑，

外缘有1条黑带，后缘有2个黑纹；腹部黄色，各节背部有黑纹。卵馒头形，有明显的放射状条纹，横纹不明显；顶部有淡褐色花纹两圈。老熟幼虫体色变化很大。有绿、黄、黑3种色型。多数为绿色型，此型头和胴部绿色；黄色型，头部黑色，胴部黄色，两侧有两条黑线；黑色型，头部橙黄色，全体黑色，气门线由断续的黄白色斑组成。蛹棕红色，外被土茧。

柿梢夜蛾成虫　　　　　　　　　柿梢夜蛾幼虫

发生规律：在浙江1年发生2代，世代重叠，以老熟幼虫入土化蛹越冬。5月下旬至6月上旬羽化，成虫飞翔能力较差，趋光性较弱，6—8月为幼虫主要为害期。

防治方法：参考"苹梢夜蛾"。

柿梢夜蛾蛹

苹掌舟蛾

学名：*Phalera flavescens* (Bremer et Grey)

苹掌舟蛾又称舟形毛虫，属鳞翅目舟蛾科。为害苹果、梨、桃、杏、枇杷、板栗、海棠等。

为害状：初孵幼虫仅取食叶片上表皮和叶肉，残留下表皮和叶脉，被害叶片呈网状。从二龄开始取食叶片，三龄以后可将叶片全部吃光，仅剩叶柄，造成果树第二次开花。

形态特征：成虫全身淡黄白色，复眼黑色，触角丝状，浅褐色，腹部前端5节为黄褐色。前翅淡黄白色，近基部中央有1个银灰色和紫褐色各半的椭圆形斑，近外缘有6个颜色、大小相似的斑纹，内侧有赤褐色线及黑色新月形斑，翅面上的横线浅褐色。后翅淡黄白色。卵近圆球形，初产时淡绿色，

苹掌舟蛾幼虫及为害梨树状

近孵化时变为灰褐色。初孵幼虫黄绿色，二龄以后呈红褐色，老熟幼虫变为紫褐色，体长约50毫米，头黑褐色，有光泽。胴体背面紫褐色，腹面紫红色，体侧有稍带黄色的纵线纹，体有黄白色细长软毛。幼虫静止时头、尾翘起，形似小船，故称为"舟形毛虫"。蛹紫黑色，腹部末端有6根短刺。

苹掌舟蛾成虫

苹掌舟蛾幼虫

发生规律：1年发生1代，以蛹在根部附近土中越冬。在华北、山东和东北南部地区，成虫于6月中下旬开始羽化，发蛾盛期在7月下旬至8月上旬，雨后土壤湿润有利于成虫出土。产卵盛期在8月上旬，数十粒或百余粒排列成块状，8月中下旬是幼虫为害盛期。

苹掌舟蛾蛹

防治方法：①翻地灭蛹。早春翻树盘，将土中越冬蛹翻于地表，被鸟啄食或被风吹干。②振落、杀灭幼虫。在7月至8月上旬幼虫集中为害未分散前，及时剪掉群居幼虫的叶片，或振动树枝，使幼虫吐丝下坠，集中消灭。③化学防治。在8月幼虫三龄以前，可喷25%灭幼脲3号、苏脲1号悬浮剂1 000～2 000倍液，或2.5%氯氟氰菊酯乳油2 500倍液，或1.8%阿维菌素乳油5 000倍液。

梨威舟蛾

学名：*Wilemanus bidentatus* Wileman

梨威舟蛾属鳞翅目舟蛾科。主要为害梨树。

形态特征：成虫体灰白色。头、胸背面略带褐色，后胸中央有1条黑褐色横线。雄虫触角双栉齿状，雌虫触角丝状。前翅灰白色略带褐色，有大小不等的2个暗褐色斑。大斑位于翅基部前缘，约占翅基半部；小斑位于翅前缘近顶角，略呈三角形。后翅灰褐色。卵半球形，浅褐色。幼虫体长35～40毫米，头部紫褐色，颅侧区各有两条暗紫色和黑色线，身体绿色。体上有浅紫色花纹，腹部背面紫色纹几乎占满了整个背面，其中第三至六腹节呈长方形，至第七腹节突然变细，以后逐渐变宽达末端，在亚背区每节两边各有1黄色斑点。腹部第一节和第八节背面各有2个小瘤状突起。蛹体黑褐色。腹部第五节至第六节腹面各有1对突起。腹部末端有1对刺突。

发生规律：在北京1年1代，8月中下旬老熟幼虫入土作茧化蛹越冬，翌年6月下旬开始羽化。卵散产，约12天后孵化。幼虫散居，7、8月为害，

梨威舟蛾幼虫

静止时多在叶柄上爬伏不易被发觉。

防治方法：参考"绿尾大蚕蛾"。

盗毒蛾

学名：*Porthesia similes* (Fuessly)

盗毒蛾又名桑斑褐毒蛾、纹白毒蛾、桑毒蛾、黄尾毒蛾、桑毛虫，主要为害梨、苹果、山楂、桃、李、梅、樱桃、栗等果树。

为害状：初孵幼虫群集在叶背取食叶肉，叶面形成透明斑，三龄后分散为害叶片形成大缺刻，严重时将叶片吃光，仅剩叶脉，影响果树生长。

盗毒蛾幼虫及为害状

形态特征：成虫全身白色，复眼圆球形，黑褐色。触角羽毛状。头、胸、腹部基半部和足白色微带黄色，腹部其余部分和肛毛簇黄色；前翅白色，后缘近臀角处和近基部各有1个褐色至黑褐色斑纹，前缘黑褐色。腹部末端有金黄色毛丛。卵扁圆形，初为橘黄或淡黄色，孵化前变为黑色，数十粒排在一起呈块状，其上覆黄色绒毛。老熟幼虫体长25～40毫米，第一和第二腹节宽，头及身体黑褐色，前胸背板黄色，具2条黑色纵线；体背面有一橙黄色带，在第一、二、八腹节中断，带中央贯穿一红褐色间断的线；亚背线白色；气门下线红黄色；前胸背面两侧各有一向前突出的红色瘤，瘤上生黑色长毛束和白褐色短毛，其余各节背瘤黑色，生黑褐色长毛和白色束毛；腹部第一、二节背面各有1对愈合的黑色瘤，第二节以后各节均有1对黑色毛瘤，上生黑褐色和白色长毛。蛹长圆筒形，黄褐至褐色，体被黄褐色绒毛，蛹外包被淡褐至土黄色丝质薄茧。

发生规律：在广东1年发生7～8代，华东、河南发生3～4代，东北、华北、陕西发生2代，以幼龄幼虫在枝干粗皮裂缝或枯叶内越冬。在华北，幼虫于4月下旬开始出蛰，首先为害芽，然后为害嫩叶和成叶，5月下旬至6月上旬，幼虫老熟后在树干缝隙内或卷叶内化蛹，6月中下旬羽化为成虫。

盗毒蛾幼虫

防治方法：①刮树皮，灭越冬幼虫。刮净老树皮、粗皮、翘皮，清除枯枝落叶，消灭越冬幼虫。②化学防治。防治的关键时期是春季越冬幼虫出蛰期和各代幼虫孵化期，在二龄幼虫高峰期，可选用2.5%溴氰菊酯乳油、10%联苯菊酯乳油或2.5%氯氟氰菊酯乳油3 000～4 000倍液，虫口数量大时喷洒25%喹硫磷乳油1 000～1 500倍液，或80%敌敌畏乳油1 500倍液，或50%辛硫磷乳油1 000倍液。

舞毒蛾

学名：*Lymantria dispar* (Linnaeus)

舞毒蛾别名柿毛虫、秋千毛虫等，属鳞翅目毒蛾科。主要为害桑、苹果、梨、桃、杏、核桃、柿、栗等500多种植物。

为害状：二龄以后幼虫分散为害，白天潜伏在树皮缝、枝杈、树下杂草及石块下，傍晚上树为害。幼虫蚕食叶片，严重时整树叶片被吃光。

形态特征：成虫雌雄异型。雄蛾暗褐色；头黄褐色，触角羽状褐色。前翅外缘色深呈带状，余部微带灰白，翅面上有4～5条深褐色波状横线；中室中央有1黑褐色圆斑，中室端横脉上有4个黑褐色＜形斑纹，外缘脉间有7～8个黑点。后翅色较淡，外缘色较浓成带状，横脉纹色暗。雌蛾污白微黄色；触角黑色短羽状。前翅上的横线与斑纹同雄蛾相似，为暗褐色；后翅近外缘有1条褐色波状横线；外缘脉间有7个暗褐色点。腹部肥大，末端密生黄褐色鳞毛。卵圆形，初黄褐渐变灰褐色。幼虫体长50～70毫米，头黄褐色，正面有"八"字形黑纹；胴部背面灰黑色，背线黄褐，腹面带暗红色。各体节各有6个毛瘤横列，背面中央的1对色艳，第一至五节蓝灰色，第六至十一节紫红色，上生棕黑色短毛。各节两侧的毛瘤上生黄白与黑色长毛1束，以前胸两侧的毛瘤最大，上生黑色长毛束。第六、七腹节背中央各有1红色柱状毒腺亦称翻缩腺。蛹初红褐色后变黑褐色，原幼虫毛瘤处生有黄色短毛丛。

舞毒蛾雌成虫　　　　　舞毒蛾雄成虫
（王洪平提供）　　　　（王洪平提供）

发生规律：1年发生1代，以卵块在树体上、石块、梯田壁等处越冬。5月为幼虫为害期，6月中旬至7月上旬为羽化期。成虫有趋光性，雄蛾白天旋转飞舞于冠上枝叶间，故称舞毒蛾。卵多产于枝干的阴面，400～500粒成块，形状不规则，上覆雌蛾腹末的黄褐色鳞毛。

防治方法：①诱杀。利用幼虫白天下树潜伏习性，在树干基部堆砖石瓦块，诱集二龄后幼虫捕杀。

舞毒蛾幼虫（王洪平提供）

②化学防治。在树干上涂50～60厘米宽的药带，采用高浓度持效期长的触杀剂毒杀幼虫。也可在树干上直接喷洒持效期长的高浓度触杀剂。树上喷药掌握在幼虫四龄前用药，药剂可参照"盗毒蛾"。

梨尺蠖

学名：*Apocheima cinerarius* Pyri Yang

梨尺蠖又称梨步曲、弓腰虫等，属鳞翅目尺蠖蛾科。主要为害梨、杏、苹果、山楂、海棠等。

为害状：幼虫主要为害叶片，还可为害芽、花和幼果，叶片受害后，先出现孔洞和缺刻，随着幼虫食量增大，出现大的缺刻，甚至将叶片吃光，仅留叶脉或叶柄。花器受害，形成孔洞。

形态特征：成虫雌雄异形。雄虫有翅，全身灰色或灰褐色，触角羽毛状。前翅灰褐色，密布小褐点，内横线、中横线和外横线明显。外横线波状，并在脉上有黑纹相连，中室后缘在内横线与中横线间有黑条。雌虫无翅，体深灰色，触角丝状。身体前部宽，端部窄。头、胸部密被粗鳞片和毛，腹部密被鳞毛，背面有2条黑

梨尺蠖幼虫及为害状

色纵纹，末端有乳黄色交尾器露出尾部。卵椭圆形，表面光滑，初期为乳白色，后期变为黄褐色。老熟幼虫体长28～30毫米，头黑褐色，全身黑灰色，有比较规则的暗色纵线和斑纹。胸足褐色至红褐色，腹足2对，深褐色，分别着生在第六和第十节上。蛹红褐色，腹端尖细，分叉，头部较圆钝。

发生规律：1年发生1代，以蛹在树干周围土中做茧越冬，翌春2—3月羽化成虫，4—5月为幼虫为害期。

防治方法：①阻止雌虫上树产卵。成虫羽化期，在树干基部堆细沙土，拍打光滑，或在树干基部绑塑料布，以阻止雌虫上树产卵。②振树捕杀。利用幼虫受振动吐丝下垂的特性，振树捕杀幼虫。③灯光诱蛾。在成虫盛发高峰期，每20亩左右梨园装1盏40瓦黑光灯诱捕成虫。④化学防治。在一、二龄幼虫发生期进行药剂防治，可结合防治其他害虫，喷布80%敌敌畏乳剂1 500倍液，或25%灭幼脲3号2 000倍液，或50%辛硫磷乳剂1 000倍液。

梨尺蠖成虫 　　　　　　　　　　梨尺蠖幼虫

油桐尺蠖

学名：*Buzura suppressaria* Guenée

油桐尺蠖又名大尺蠖,俗称拱背虫、量尺虫等,属鳞翅目尺蛾科。食性杂,可为害柑橘、茶、柿、梨、桃、李、枣、杨梅等果树。

为害状：主要以幼虫啃食叶片,大量发生时可将整株叶片吃光。

形态特征：雌蛾触角丝状,体、翅灰白色,密布灰黑色小点,翅基线、中横线和亚外缘线系不规则的黄褐色波状横纹,翅外缘波浪状,具黄褐色缘毛。足黄白色。腹部末端具黄色茸毛。雄蛾触角羽毛状,体、翅黄褐色,翅基线、亚外缘线灰黑色,腹末尖细,其他特征同雌蛾。卵椭圆形,蓝绿色,将孵化时为黑色,常聚集成堆;卵块椭圆形或圆形,上覆黄褐色绒毛。初孵幼虫灰褐色,二龄以后逐渐变为青色,四龄后幼虫的体色则随环境不

油桐尺蠖成虫 　　　　　　　　　　油桐尺蠖幼虫

同而异，有青绿、灰绿、深褐、灰褐等色；头部密布棕色颗粒状小斑点，头顶中央向下凹陷，两侧呈角状突起；前胸背面具两个小突起。蛹圆锥形，深棕色，背面密布刻点；头顶有黑褐色小突起1对；中胸背面

油桐尺蠖蛹

前缘两侧各有1个耳状突；臀棘明显，基部膨大，凹凸不平，端部长刺状。

发生规律：河南1年发生2代，安徽、湖南1年发生2～3代，广东、广西1年发生3～4代。以蛹在土中越冬，翌年3—4月成虫羽化产卵。一代成虫发生期与早春气温关系很大，温度高始蛾期早。成虫多在晚上羽化，白天栖息在高大树木的主干上或建筑物的墙壁上，受惊后落地假死不动或做短距离飞行，有趋光性。

防治方法：参考"梨尺蠖"。

人纹灯蛾

学名：*Spilarctia subcarnea* (Walker)

人纹灯蛾又名红腹白灯蛾、红腹灯蛾、人字纹灯蛾、人纹污灯蛾，属鳞翅目灯蛾科。为害梨树、茶树、桑树、豆类、十字花科蔬菜、瓜类、马铃薯、木槿、黑荆等。

为害状：初孵幼虫群集于叶背卵块附近取食，仅食叶肉，残留膜状表皮。三龄后幼虫开始分散取食，食叶成缺刻状和孔洞。四龄幼虫食量开始

人纹灯蛾低龄幼虫及为害状（朱秀芳提供）

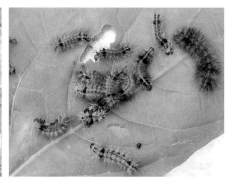

人纹灯蛾幼虫及为害状（朱秀芳提供）

增大，被害叶仅留叶脉，严重时仅剩主脉和叶柄。五、六龄幼虫食量猛增，不仅食尽全叶，还取食嫩枝幼芽。

　　形态特征：雄成虫触角短，锯齿状，黑褐色；雌成虫触角羽毛状；头、胸黄白色，腹部背面红色，腹面黄白色，背面、侧面具1列黑点。前翅黄白色，外缘至后缘有1斜列黑点，两翅合拢时呈"人"字形，后翅红色或白色，前后翅背面均为淡红色。卵馒头形，表面有不明显菱状花纹，初产卵乳白色，渐渐变为浅黄色至深黄色，后期为黄褐色。幼虫一般7龄，不同龄期幼虫形态变化较大。四龄前体黄褐色，头黑色，有光泽，胴部淡黄褐色。体毛除尾部为黑褐色外，其余多为黄白色，且短而稀。背线和亚背线为断

人纹灯蛾成虫

人纹灯蛾成虫半展开状

续黄白色，第一和第七腹节背面各有1对较大的黑色毛瘤，中胸和第八腹节背面的1对黑色毛瘤较小。五龄后随着龄期的增长，体色加深为黄褐或黑褐

人纹灯蛾卵（朱秀芳提供）

色，体毛呈簇状，长而密。老熟幼虫体灰褐色或黄褐色，腹面黑褐色。背线橙红色，亚背线褐色，气门上线棕红色，气门椭圆形，气门筛灰黄色，围气门片深黑色。体背毛瘤灰白色，其上密生棕褐色长毛。蛹椭圆形，棕褐色。头顶较平圆，顶端具1个半圆形凹纹；体上各节有刻点组成横环纹。臀棘2枚，每枚有4～6根刺，刺末端膨大成盘状。

人纹灯蛾低龄幼虫（朱秀芳提供）　　　　　人纹灯蛾高龄幼虫

发生规律：1年发生3代，以蛹在土中越冬。翌春4—6月羽化为成虫，第一代幼虫在5—6月开始为害。成虫有趋光性，白天静伏在杂草、灌木丛间，傍晚开始飞翔活动，飞翔力较强。具有较强的趋光性，尤其雄蛾趋光性较强。卵产在叶背呈块状，单层平铺，圆形或不整形，卵块上常有体毛。初孵幼虫有群集性，一、二龄幼虫不善爬行，遇震动或惊扰时常吐丝下垂，扩散到附近枝叶上，老熟幼虫受振动后即落地，有假死性。幼虫老熟后，多爬至土表下、地被物中、树干裂缝或树皮下结茧，有的将地表杂草和落叶缀合在一起，隐匿其中结茧。

防治方法：①清洁果园，减少虫源。获后及时清除田间枯枝落叶，集中销毁，降低越冬虫源数量。②耕翻除草灭虫。勤中耕除草，及时秋翻，可消灭部分入土幼虫或蛹。③人工摘除。结合田间管理，人工摘除有卵叶片或初龄幼虫群集的叶片以减少虫源。④灯光诱杀。成虫羽化期，根据其趋光性，可用黑光灯等进行灯光诱杀。⑤药剂防治。发生盛期可用45%丙溴·辛硫磷乳油1 000倍液，或2.5%溴氰菊酯乳油4 000倍液，或5.7%甲维盐悬浮剂2 000倍液喷杀幼虫，可连用1～2次，间隔7～10天。

山楂绢粉蝶

学名：*Aporia crataegi* Linnaeus

山楂绢粉蝶又叫山楂粉蝶，属鳞翅目粉蝶科。主要为害梨树等。

为害状：为害花芽和花蕾时在枝上吐丝拉网，被害花芽常被咬成孔洞，有时仅剩外部的鳞片，被害幼叶仅剩表皮，呈油纸状，大龄幼虫将叶片吃成缺刻或仅剩叶柄。

形态特征：成虫身体黑色，被灰白色鳞毛。触角棒状，末端淡黄褐色。翅白色，鳞片稀少，翅脉明显、黑色，前翅除臀脉外，各脉纹末端均有一个三角形褐色斑纹。卵直立，瓶状，表面有纵纹，黄色，数十粒排列成块。老熟幼虫头、前胸背板、胸足、臀板均为黑色。身体背面有3条黑色纵线。其间为2条黄褐色纵带，全身有黄白色细毛。蛹初期为黄色，逐渐变为橙黄色，触角、胸足、翅芽边缘、中胸背面的脊均为黑色。全身被黑色斑点，腹末有2个突起。

山楂绢粉蝶成虫交配（王洪平提供）　　　山楂绢粉蝶幼虫（王洪平提供）

发生规律：1年发生1代，以二、三龄幼虫群居树梢吐丝缀叶营巢越冬。幼虫在巢内又结白色小茧。翌春梨花芽膨大期幼虫开始出蛰。在华北出蛰盛期在4月上旬，在辽西为4月中旬。5月中下旬羽化为成虫，6月上中旬为幼虫孵化盛期，7月中下旬吐丝连缀叶片做巢。

防治方法：①修剪灭虫。结合果树冬剪，剪掉越冬幼虫的虫巢，集中烧掉。②振落捕杀。利用大龄幼虫的假死习性，振树捕杀幼虫。③药剂防治。关键时期是春季越冬幼虫出蛰后和幼虫孵化期，具体药剂可参考"人纹灯蛾"。

金纹细蛾

学名：*Lithocolletis ringoniella* Mats

金纹细蛾属鳞翅目细蛾科。为害苹果、沙果、海棠、山定子、山楂、梨、桃等。

为害状：幼虫潜叶食害叶肉，留下两面表皮，形成长椭圆形虫斑，虫斑下表皮皱缩，上表皮拱起。两表皮呈网点状食痕，斑内留有虫粪。

形态特征：成虫头、胸为金褐色，触角银白色，头顶有银白色鳞毛。前翅金褐色，翅面从翅基部向中部伸出3条银白色纵带，靠近前缘、后缘和中间各1条。后翅褐色，狭长，缘毛长。卵扁圆形，乳白色，有光泽。老熟幼虫体长6毫米，细圆筒形，黄色，胸足正常，但第四对腹足退化。蛹体褐色，头部有角状突起13对。

金纹细蛾成虫（王洪平提供）

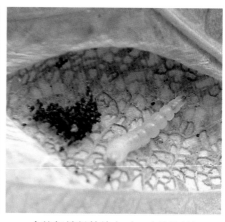
金纹细蛾低龄幼虫（王洪平提供）

发生规律：辽宁、山东、河北、陕西1年发生5代，河南6代。金纹细蛾以蛹在落叶虫斑里越冬。梨发芽后越冬蛹羽化为成虫。辽宁南部各代成虫发生盛期：越冬代4月下旬，第一代5月下旬至6月上旬，第二代7月上旬，第三代8月上旬，第四代9月中下旬。

金纹细蛾幼虫（王洪平提供）

防治方法：①清扫落叶，减少虫源。梨树落叶后彻底清扫落叶，集中销毁或深埋。②药剂防治。必须抓紧前期防治，在幼虫发生期药剂可选用20%甲氧虫酰肼乳油1 000～1 500倍液，或25%灭幼脲3号胶悬剂3 000倍液。

旋纹潜蛾

学名：*Leucoptera scitalla* Zeller

旋纹潜蛾又名苹果潜叶蛾。主要为害苹果、梨、海棠等，属鳞翅目潜蛾科。

为害状：幼虫潜叶取食叶肉，留下表皮形成圆形虫斑，幼虫在虫斑里排泄虫粪，排列成同心旋纹状。

旋纹潜蛾虫斑（王洪平提供）　　　　　　旋纹潜蛾为害状

形态特征：成虫体长3毫米，体银白色，头顶有1丛银白色鳞毛。前翅前半部银白色，后半部为金黄色，金黄色部分的前缘有7条黑褐色短斜纹，后缘端部有2个深紫色大斑，翅缘毛很长。卵椭圆形，初产时乳白色，渐变成青白色，有光泽。老龄幼虫体长约5毫米，体扁纺锤形、乳白色，头部褐色。蛹体稍扁，黄褐色。茧丝质，白色，梭形，茧外覆盖"工"字形丝幕。

发生规律：河北梨区1年发生3代，山东、陕西为4代，河南为4～5代。以蛹在树干缝隙内及粗糙的树皮处结茧越冬，梨树落花后展叶期出现成虫。各代成虫发生盛期：河北昌黎越冬代在5月上中旬，第一代6月下旬，第二代7月下旬；陕西关中越冬代在4月中下旬，第一、二、三代分别在6月中下旬、7月中下旬和8月中旬至9月上旬。

防治方法：①清洁果园，减少虫源。秋季梨树落叶后及早春休眠期清扫落叶，刮除老树皮、翘皮，集中销毁。②药剂防治。抓住一、二代成虫发生盛期用药，药剂可选80%敌敌畏乳油1 000～1 200倍液，或1.8%阿维菌素乳油3 000～4 000倍液，或1%甲维盐乳油1 500～2 000倍液，或50%

辛硫磷乳油1000倍液，既杀成虫、卵，还可将1～2毫米虫斑里的幼虫杀灭。发生量大的果园，间隔7～10天再防治1次。

银纹潜蛾

学名：*Lyonetia prunifoliella* Hübner

银纹潜蛾为鳞翅目潜蛾科。为害苹果、梨、桃、海棠、沙果、李等。

为害状：初孵幼虫潜入下表皮，在皮下蛀食，初虫道细线状，后变粗，最后形成枯黄色不规则大斑，从叶背可见排出的虫粪成细线状，别于桃潜蛾。

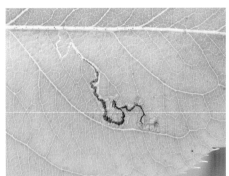

银纹潜蛾为害状

形态特征：成虫体长3～4毫米。夏型成虫前翅端部有橙黄色斑纹，围绕此斑纹有数条放射状灰黑色纹，翅端有1小黑点。冬型成虫前端部橙黄色部分不明显，前半部有波浪形黑色粗纵纹，其他与夏型成虫相同。卵球形，乳白色。老熟幼虫体淡绿色。蛹圆锥形，暗褐色。茧细长，由白色薄丝织成。

发生规律：北方1年发生5代，以冬型蛾在杂草丛、落叶下、石缝中越冬。5月中下旬卵散产在寄主叶背，孵化后幼虫由下表皮潜入。幼虫喜食嫩叶。幼虫老熟后咬破表皮爬出，吐丝下垂，在叶背吐丝做白茧。成虫发生期分别为6月中下旬、7月中旬、7月下旬至8月中旬、8月下旬至9月上旬、9月中旬至10月下旬。

防治方法：可参考"旋纹潜蛾"。

美国白蛾

学名：*Hyphantria cunea* Drury

美国白蛾又称秋幕毛虫、秋幕蛾，属鳞翅目灯蛾科，为重要的国际植物检疫对象。为害苹果、梨、桃、李、杏、樱桃、葡萄、山楂、柿等。

为害状：初孵幼虫吐丝结网，群集网中取食叶片，叶片被食尽后，移至枝杈和嫩枝的另一部分织一新网继续食叶，严重时叶片被食成光秆。

形态特征：成虫白色，复眼黑褐色；雄蛾触角黑色，双栉齿状；前翅为白色至散生许多淡褐色斑点，越冬代成虫斑点多；雌蛾触角褐色锯齿状，前翅白色。通常后翅纯白色或在近外缘处有小黑点。卵球形，初为浅绿色，孵化前为褐色。幼虫体色变化很大，根据头部色泽分为红头型和黑头型两类。我国发生的为黑头型。头、前胸盾、臀板均黑色具光泽，体色多变化，多为黄绿至灰黑色，体侧线至背面有灰褐或黑褐色宽纵带，体侧及腹面灰黄色，背中线、气门上线、气门下线均浅黄色；背部毛瘤黑色，体侧毛瘤橙黄色，毛瘤上生白色长毛丛，杂有黑毛，有的为棕褐色毛丛。蛹长纺锤形，暗红褐色。茧褐色或暗红色，由稀疏的丝混杂幼虫体毛组成。

美国白蛾成虫（王山宁提供）　　　　　美国白蛾幼虫（王山宁提供）

发生规律：美国白蛾以蛹在树皮下或地面枯枝落叶中越冬，在北方1年发生2代。成虫昼伏夜出，有趋光性。卵通常以不规则块状产在叶背面，每卵块300余粒。一至四龄幼虫多结网为害，网幕为乳黄色，可达50厘米。五龄后的幼虫开始脱离网幕分散为害，达到暴食阶段。第一代幼虫发生期在6月上旬至8月上旬，第二代幼虫发生期在8月上旬至11月上旬。

防治方法：①加强植物检疫。做好虫情监测，一旦发现应尽快查清发生范围，并进行封锁和除治。②诱杀。利用诱虫灯在成虫羽化期诱杀成虫。③剪除网幕。在美国白蛾幼虫三龄前，每隔2～3天仔细查找一遍幼虫网幕。发现网幕用高枝剪将网幕连同小枝一起剪下。剪网时要特别注意不要造成破网，以免幼虫漏出。剪下的网幕必须立即集中销毁或深埋，散落在地上的幼虫应立即杀灭。④围草诱蛹。适用于防治困难的高大树木。在老熟幼虫化蛹前，在树干离地面1～1.5米处，用谷草、稻草把或草帘上松下紧围绑起来，诱使幼虫化蛹其中。化蛹期间每隔7～9天换一次草把，解下的草把要集中销毁或深埋。⑤药剂防治。对四龄前幼虫可使用25%灭幼脲3号胶悬剂2 000倍液，或8%甲氨基阿维菌素苯甲酸盐水分散粒剂4 000～6 000倍液，或25%阿维·灭幼脲悬浮剂1 500～2 000倍液，或20%甲氧虫酰肼胶悬剂1 000～1 500倍液，或5%氟虫脲乳油2 000倍液。⑥药环毒杀。在老熟幼虫沿树干下树时，于树干上设置药环毒杀下树幼虫。用2.5%溴氰菊酯1份对10份柴油搅拌均匀，用报纸或牛皮纸等浸湿性和韧性较好的纸剪成20厘米宽的纸带后，浸泡于配置好的药剂中，至浸透后取出放入塑料袋中密封保存备用，在美国白蛾幼虫开始下树时，用制备好的药带围绕树干一周，即可毒杀下树途经药带的幼虫。

梨冠网蝽

学名：*Stephanitis nashi* Easki et Takeya

梨冠网蝽又称梨军配虫，属半翅目网蝽科。为害苹果、梨、桃、海棠、枣等。

为害状：成虫和若虫在叶背主脉两侧中央部刺吸汁液，后遍及全叶，被害叶片形成灰白色失绿斑点，叶背面有深褐色排泄物。严重受害时叶片变褐色，易脱落。

形态特征：成虫体暗褐色，复眼红色，无单眼。前胸发达，向后延伸盖于小盾片之上，前胸背板两侧有两片圆形环状突起。前胸背部及前翅均布有网状花纹，以两前翅中间接合处的X形纹最明显。后翅膜质、白色、透明。初孵若虫体白色透明，二龄若虫腹板黑色，三龄时出现翅芽，在前胸、中胸和腹部第三至八节的两侧有明显的锥状刺突。五龄若虫腹部黄褐

梨冠网蝽低龄若虫及为害状（背面）

梨冠网蝽初期为害状（正面）

梨冠网蝽为害叶片造成变灰白色（正面）

梨冠网蝽为害叶片（背面）

梨冠网蝽为害叶片导致褐变

梨冠网蝽严重为害状

色，体宽阔、扁平，翅芽长约为体长的1/3。卵椭圆形，一端弯曲，初产时淡绿色半透明，后淡黄色。

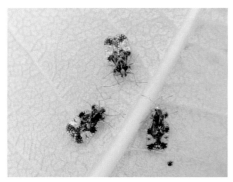
梨冠网蝽成虫

梨冠网蝽成虫（白色型）和若虫

梨冠网蝽初孵若虫

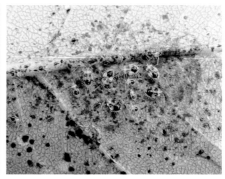
梨冠网蝽若虫

发生规律： 河北1年发生3～4代，河南和陕西关中4代，浙江4～5代，世代重叠，以成虫潜伏在落叶下、树干翘皮、裂缝及果园四周灌木丛中越冬。越冬成虫在梨树发芽后的4月上中旬开始出蛰，群集于叶背取食和产卵，4月下旬至5月上旬为出蛰高峰期。若虫孵化盛期在5月中下旬，6月中旬为成虫羽化盛期。全年为害最重时期在7—8月。

防治方法： ①早春清洁果园。冬季和早春清除果园中落叶、杂草，刮除老翘皮。②药剂防治。重点抓住越冬代成虫和第一代若虫期防治。在越冬成虫活动期杀灭成虫，药剂可用2.5%氯氟氰菊酯乳油3 000倍液，或5.7%氟氯氰菊酯乳油2 000倍液。从5月下旬开始，在第一代若虫孵化期，每两天检查1次，当发现有若虫叶片20张，并有白色成虫出现时，这时卵孵化已基本结束，喷药杀虫效果最为理想。药剂可选5%啶虫脒乳油2 000～2 500倍液，或22%氟啶虫胺腈悬浮剂1 000～1 500倍液，或25%噻虫嗪水分散粒剂4 000～5 000倍液，或70%吡虫啉水分散粒剂75 00～8 000倍液，或22.4%螺虫乙酯悬浮剂2 500～3 000倍液。

小绿叶蝉

学名：*Empoasca flavescens* (Fabricius)

小绿叶蝉俗称叶跳虫、浮尘子、蜢虫等，属半翅目叶蝉科。为害苹果、梨、桃、杏、李、樱桃、梅、葡萄等果树及豆科植物和桑、棉、茶树等。

为害状：成虫、若虫刺吸芽、叶和枝梢的汁液，被害叶初期出现黄白色斑点，逐渐扩大成片，严重时全树叶片苍白早落。虫体排出的虫粪会污染叶片和果实，影响果实品质。

形态特征：成虫淡绿至黄绿色。头顶中央有1白纵纹，其两侧常各有1黑点，复眼内侧及头部后缘复眼后方也有白纹，与前一白纹连成"山"字形。前胸近前缘常有3个白斑，小盾片前缘有3条白色纵纹。前翅近透明，微带黄绿色，后翅无色。后足胫节细长，具刺2列。卵新月形，初产乳白色，后渐变淡绿色，孵化前可透见红色眼点。若虫5龄，体形与成虫相似，淡黄绿色，无翅，但有翅芽。

发生规律：1年发生4～6代，以成虫在落叶、杂草、石缝、树皮缝和梨园附近常绿树上越冬。翌年3月下旬至4月上旬梨、桃、李发芽后，成虫

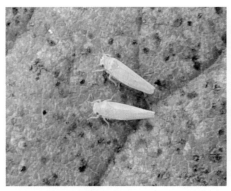

小绿叶蝉成虫

小绿叶蝉低龄若虫

小绿叶蝉若虫

小绿叶蝉高龄若虫

恢复活动为害，常隐蔽在新梢和叶背上刺吸汁液。因发生期不整齐，至世代重叠。6月虫口数量增加，7—9月发生量最多且为害重。成虫多产卵于新梢第二、三叶间嫩茎内。成虫在天气晴朗温度升高时行动活跃，清晨、傍晚和有风雨时不活动。

防治方法：①清理果园，减少虫源。成虫出蛰前清除落叶及杂草，减少越冬虫源。②健康栽培，增强树势。适当修剪，防止枝叶过密荫蔽，以利通风透光。增施磷钾肥和有机肥，促进植株健壮生长。③药剂防治。掌握在越冬代成虫迁入后，各代若虫孵化盛期及时喷药。药剂可选10%吡虫啉可湿性粉剂1 500～2 000倍液，或5%啶虫脒乳油2 000～2 500倍液，或20%溴氰·吡虫啉悬浮剂1 500～2 000倍液，或20%烯啶虫胺·噻虫啉水分散粒剂3 000～4 000倍液，或22%氟啶虫胺腈悬浮剂4 500～5 000倍液，或22.4%螺虫乙酯悬浮剂3 000～4 000倍液，或2.5%溴氰菊酯或氯氟氰菊酯乳油3 000～4 000倍液，或1.8%阿维菌素乳油4 000倍液，或10%烯啶虫胺水剂2 000～3 000倍液。注意交替用药，叶片正、背面均要喷到。

中国梨木虱

学名：*Psylla chinensis* Yang et Li

中国梨木虱属半翅目木虱科。主要为害梨树，是梨树最主要的害虫之一。

为害状：春季成、若虫多集中于新梢、叶柄为害，夏秋季则多在叶背吸食为害。成虫及若虫吸食芽、叶及嫩梢汁液，受害叶片叶脉扭曲，叶面皱缩，产生枯斑，并逐渐变黑，提早脱落。若虫在叶片上分泌大量黏液，常使叶片粘在一起或粘在果实上，诱发煤烟病，污染叶和果面。

中国梨木虱为害叶片致边缘卷起

中国梨木虱为害时分泌黏液

中国梨木虱为害叶片导致变污、粘连

中国梨木虱为害叶片导致煤烟病

中国梨木虱为害嫩梢

中国梨木虱为害造成果斑

形态特征：成虫分冬型和夏型两种。冬型成虫体形较大，灰褐色或深黑褐色，前翅后缘臀区有明显褐斑；夏型体较小，黄绿色，单眼3个，金红色，复眼红色。成虫胸背均有4条红黄色（冬型）或黄色（夏型）纵条纹。冬型翅透明，翅脉褐色，夏型前翅色略黄，翅脉淡黄褐色。静止时，翅呈屋脊状叠于体上。卵长圆形，初产时淡黄白色，后黄色。初孵若虫扁椭圆形，淡黄色，三龄后扁圆形，绿褐色，翅芽显著增大，体扁圆形，突出于身体两侧，体背褐色，其中有红绿斑纹相间。

中国梨木虱为害致煤烟果

　　发生规律：辽宁1年发生3~4代，河北、山东4~6代，浙江5代，世代重叠，各地均以冬型成虫在树皮缝、落叶、杂草及土缝中越冬。年发生4~5代地区，越冬代成虫在3月上中旬梨树花芽萌动时开始活动，4月初为越冬代成虫产卵盛期，4月下旬至5月初为第一代若虫盛发期。浙江越冬代成虫在2月中下旬

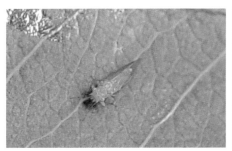

中国梨木虱夏型成虫

中国梨木虱冬型成虫

中国梨木虱成虫

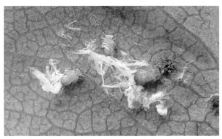

中国梨木虱若虫及其分泌物

开始活动，以3月上旬梨树花芽萌动时最多（越冬成虫出蛰盛期），4月上旬开始孵化，4月中下旬为孵化盛期。各代成虫出现期：第一代5月上旬至6月中旬，第二代6月上旬至7月中旬，第三代7月上旬至8月下旬，第四代8月上旬开始发生，9月中下旬出现第五代成虫，全为越冬型。

防治方法：①清洁果园，杀灭越冬成虫。冬季清园，秋末早春刮除老树皮，清理残枝、落叶及杂草，集中销毁或深埋，同时树冠枝芽、地面全面喷布3～5波美度石硫合剂，消灭越冬成虫。②药剂防治。重点抓好越冬成虫出蛰期和第一代若虫孵化盛期喷药。药剂可选用25%噻虫嗪水分散粒剂5 000～6 000倍液，或20%螺虫·呋虫胺悬浮剂2 000～3 000倍液，或24%阿维菌素·噻虫胺悬浮剂3 000～5 000倍液，或12%阿维菌素·噻虫胺悬浮剂3 000～5 000倍液，或5%阿维·吡虫啉乳油4 000～5 000倍液，或22.4%螺虫乙酯悬浮剂4 000～5 000倍液。

辽梨木虱

学名：*Psylla liaoli* Yang & Li

辽梨木虱又名辽梨喀木虱，属半翅目木虱科。寄主为梨属植物，以山梨、洋梨、白梨受害较重。

为害状：成虫刺吸嫩枝和叶片的汁液，叶片受害严重时出现失绿斑块，甚者枯黄早落。若虫刺吸一至三年生枝条及芽，造成伤流，严重时枯死。

形态特征：成虫多为淡黄褐色，第一至三腹节淡红色，一般雄虫体背多呈暗褐至黑褐色；头顶中央有一纵沟；复眼红褐色至暗褐色，单眼淡红色；前胸背板窄弧形，中胸发达隆起；中胸及后胸小盾片色淡，翅透明。

辽梨木虱成虫（王洪平提供）

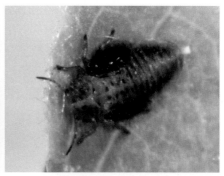

辽梨木虱若虫（王洪平提供）

卵略呈椭圆形，初产淡黄白色，渐变淡黄色。老熟若虫淡橙色，翅芽黑色，复眼红色，体背面有2纵列黑斑，体与足上均生有白色刚毛。

发生规律：在山西太原1年发生2代，以二龄若虫在枝条上的芽腋等隐蔽处越冬。越冬若虫耐低温性强，早春日最高气温达2℃以上时，就可取食。成虫白天活动，温度高时比较活跃，常在嫩枝、叶柄或叶背面栖息为害，受惊扰可作短距离飞行，主要产卵于叶缘锯齿内，每处产卵1粒，偶有2～4粒的。若虫孵化后主要集中在叶腋处为害，并分泌乳白色蜡质物附着在肛门上，常数头若虫聚集为害。3月中旬梨花芽萌动时，若虫生长发育较快，3月下旬花芽膨大露绿时，开始蜕皮为三龄，4月上旬花芽开绽现蕾期始见四龄若虫。4月中旬初花期开始羽化为成虫，4月底落花期为越冬代成虫羽化末期，成虫发生期为6月中旬至7月中旬。

防治方法：参考"中国梨木虱"。

梨二叉蚜

学名：*Toxoptera piricola* Matsumura

梨二叉蚜又名梨蚜，属半翅目蚜科。以黄河、长江之间地带发生为害最重。

为害状：春季以成虫、若虫群居梨树新梢叶片正面为害，受害叶片向正面纵向卷曲呈筒状，渐皱缩、变脆，被蚜虫为害后的叶片大都不能再伸展开，易脱落，且易招致梨木虱潜入。

形态特征：无翅胎生蚜体绿色，被白色蜡粉。复眼红褐色。背中央有1条深绿色纵带。腹背各节两侧具13个白粉状斑。腹管长大，黑色，末端略收缩。有翅胎生蚜体略小，灰绿色。复眼暗红色，额瘤微突出，触角、胸部、腹管以及足的腿节。胫节端部和跗节均呈黑色，其他为绿色，前翅中脉分二叉。卵椭圆形，黑蓝色。若虫无翅，绿色，体较小，形态与无翅胎生雌蚜相似。

发生规律：1年发生10多代，以卵在梨树芽腋或小枝裂缝、树皮缝隙等处越冬。翌年3月梨芽萌动时越冬卵开始孵化，以4月中旬至5月上旬为害最重。

防治方法：①摘除虫叶、梢灭蚜。早期摘除被害叶、嫩梢，集中消灭蚜虫。②诱避防蚜。采取银灰色薄膜避蚜和设黄板诱蚜杀蚜。③药剂防治。梨树花芽开绽前，越冬卵大部分孵化时和梨树展叶期，蚜虫群集于嫩梢叶面为害但

梨二叉蚜为害的叶片向正面纵向卷曲呈筒状

梨二叉蚜为害叶

梨二叉蚜成虫

梨二叉蚜无翅型成虫及若虫

还未造成卷叶时为药剂防治适期，药剂可选用5%啶虫脒乳油1 500～2 500倍液，或10%氟啶虫酰胺水分散粒剂2 000倍液，或60%氟啶·噻虫嗪水分散粒剂8 000～10 000倍液，或25%噻虫嗪水分散粒剂5 000～6 000倍液，或0.36%苦参碱水剂500倍液，或18%氟啶·啶虫脒可分散油悬浮剂5 000倍液，或12%溴氰·噻虫嗪悬

梨二叉蚜若虫

浮剂1 500～2 500倍液，或2.5%联苯菊酯乳油3 000倍液。间隔10～15天1次，连续用药2～3次。提倡科学轮换用药，避免一种药剂长期使用。

绣线菊蚜

学名：*Aphis citricola* van der Goot

绣线菊蚜也称苹果黄蚜，属半翅目蚜科。为害苹果、沙果、海棠、梨、木瓜等。

为害状：以成蚜和若蚜群集刺吸新梢、嫩芽和叶片汁液。被害叶尖向叶背弯曲或横卷，严重时引起早期落叶和树势衰弱。新梢受害，生长被抑制。

绣线菊蚜为害新叶状　　　　　　　绣线菊蚜为害幼茎

形态特征：无翅胎生蚜，黄色或黄绿至绿色。腹管黑色，中等长短，圆柱形，末端渐细。头部淡黑色。复眼、尾片及尾板均为黑色。触角基部淡黑色。有翅胎生蚜，头、胸部及腹管黑色。腹部黄绿色或绿色，两侧有黑斑，尾片黑色。翅透明，触角6节，第三节有圆形次生感觉圈5～10个，第四节有2～4个。卵椭圆形，漆黑色，两端微尖。若虫鲜黄色，触角、复眼、足、腹管均为黑色。

发生规律：1年发生10余代，以卵在枝条芽缝或裂皮缝隙内越冬。前期繁殖较慢，产生的多为无翅孤雌胎生蚜，5月下旬可见到有

绣线菊蚜有翅（无翅）蚜

绣线菊蚜成虫（放大）

绣线菊蚜无翅成蚜（放大）

绣线菊蚜无翅蚜及若虫

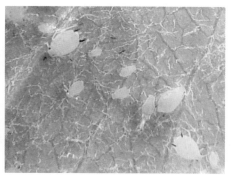
绣线菊蚜若虫

翅孤雌胎生蚜。6—7月繁殖速度明显加快，虫口密度明显提高，出现枝梢、叶背、嫩芽群集蚜虫，亦是为害盛期。绣线菊蚜具有趋嫩性，在多汁的新芽、嫩梢和新叶上发育与繁殖均快，苗圃和幼龄果树上发生常比成龄树严重。25℃左右为其发生最适温度。干旱对绣线菊蚜的发育与繁殖均有利，如果夏至前后降雨充足、雨势较猛，会使虫口密度大大下降。10月开始产生雌、雄有性蚜，并进行交尾、产卵越冬。

防治方法：参考"梨二叉蚜"。

棉蚜

学名：*Aphis gossypii* Glover

棉蚜属半翅目蚜科，为害梨树、石榴、花椒、木槿、棉花、瓜类等。

为害状：以成蚜、若蚜群集在叶背和嫩梢上吸食汁液，被害叶片卷缩、萎蔫，新梢受害，生长被抑制，其排出的蜜还可诱发煤烟病。

棉蚜为害新芽　　　　　　　　　　棉蚜为害新梢

形态特征：有翅胎生雌蚜体长1.2～1.9毫米，体黄色至深绿色。触角6节，短于身体。前胸背板黑色，腹部两侧有3或4对黑斑。腹管圆筒形，黑色，表面具瓦状纹。尾片圆锥形，近中部收缩，具刚毛4～7根。无翅胎生雌蚜体长1.5～1.9毫米，卵圆形，夏季黄绿色或黄色，秋季深绿色、蓝黑色，体背有斑纹，全身被有蜡粉。腹管长圆筒形，较短。尾片同有翅胎生雌蚜。卵长椭圆形，初产橙黄色，后变漆黑色，有光泽。若蚜共4龄，老熟若蚜体长约1.6毫米，夏季黄色或黄绿色，秋季蓝灰色，复眼红色。其他形态同无翅成蚜。

棉蚜成虫　　　　　　　　　　棉蚜无翅成蚜（放大）

棉蚜若虫及为害状

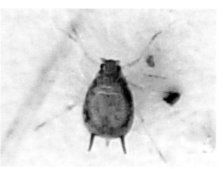
棉蚜若虫（放大）

发生规律：1年发生10～30代，华北地区10～20代，长江流域20～30代。以卵在寄主上越冬。繁殖的适宜温度为16～22℃，春季温度达16℃时，越冬卵孵化、繁殖，产生有翅蚜，于4—5月迁飞到瓜菜上为害。棉蚜对黄色有较强的趋性，对银灰色有忌避习性，且具较强的迁飞和扩散能力。棉蚜的主要为害期在春末夏初，秋季一般轻于春季。一般干旱年份发生重。

防治方法：参考"梨二叉蚜"。

桃粉蚜

学名：*Hyalopterus amygdali* Blanchard

桃粉蚜又名桃大尾蚜、桃粉绿蚜，属半翅目蚜科。为害桃、杏、李、梅、梨等。

为害状：以成蚜和若蚜群集在桃叶背或嫩枝上吸食汁液，叶片被害后加厚，向背面对应纵卷，色泽变黄，覆有白色蜡粉，还能诱发煤烟病，引起落叶、新梢生长停滞。

形态特征：无翅胎生雌蚜体长椭圆形，全体绿色，体表被白粉；复眼红色；腹管短小，黑色；尾片长大，黑色，圆锥形。有翅胎生雌蚜体形略小，头、胸部墨绿色，腹部黄绿色，体上也被白粉；触角较体短，黑褐色，

桃粉蚜及其为害状

腹管短筒形，尾片较小。卵椭圆形或长椭圆形，初为淡绿色，近孵化时为黑绿色；若虫体小，形似无翅胎生雌蚜。

桃粉蚜有翅、无翅成蚜　　　　　　　　　桃粉蚜无翅胎生蚜

发生规律：1年发生10～20代，以卵在桃树枝条上、芽缝隙处越冬。翌年3—4月，桃树萌芽后，卵开始孵化，若蚜群集于嫩芽幼叶上吸食为害。5—6月繁殖最快，数量最多，为害最重。6—7月产生有翅蚜，迁飞到芦苇等禾本科植物上繁殖为害，至10月又产生有翅蚜迁回桃树上，为害一段时间，产生性蚜后交配产卵越冬。

防治方法：参考"梨二叉蚜"。

梨大绿蚜

学名：*Pyrolachnus pyri* (Matsumura)

梨大绿蚜属半翅目大蚜科。

为害状：成蚜和若蚜群集梨叶背中脉两侧刺吸汁液，被害叶片表面出现失绿斑点，随为害的加重，失绿斑逐渐扩大，严重时导致早期落叶，削弱树势。

形态特征：无翅胎生雌蚜体细长，后端稍粗大，淡绿色，较鲜艳，密生细短毛。头部较小；复眼较大，淡褐色；触角丝状6节，短小，第五、六节各具1个较大的突出的原生感觉圈。胸、腹部背面的中央及体两侧具浓绿色斑纹，腹管周围更明显；腹管瘤状，短大，多毛。有翅胎生雌蚜体较细长，淡绿色至灰褐色，密被淡黄色细毛。头部较小，色稍暗；复眼褐色；触角丝状。胸部发达，上生暗色斑纹。翅膜质透明，主脉暗褐色，前翅中脉2支。腹部背面和两侧具较大黑斑；第二、三和七腹节背面中央各生1白斑。腹管周围黑色，呈瘤状，短大；尾片半圆形，短小，上生许多长毛。体腹面淡黄色。卵长椭圆形，初产时淡黄褐色，以后变为黑褐色，有光泽。若虫与无翅胎生雌蚜相似，体较小，有翅若蚜胸部较发达，具翅芽。

 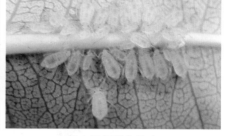

梨大绿蚜无翅蚜　　　　　　　　　梨大绿蚜群集为害

发生规律：以数十粒到几百粒卵密集于枇杷等寄主上越冬。翌春3月孵化，繁殖为害，4月陆续产生有翅胎生雌蚜，5月迁飞到梨树上，至6月又产生有翅胎生雌蚜，迁飞扩散到其他作物上，至晚秋迁回枇杷上为害繁殖，秋后交尾产卵越冬。

防治方法：参考"梨二叉蚜"。

梨瘿蚊

学名：*Contarinia pyrivora* (Riley)

梨瘿蚊俗称梨芽蛆，属双翅目瘿蚊科。只为害梨。

为害状：成虫产卵在花萼里，幼虫在花萼基部里面环向串食，被害处变黑。其后蛀入幼果，被害果干枯、脱落。幼虫为害梨芽和嫩片，受害叶片沿主脉纵卷成双筒形，随着幼虫为害加剧，卷的圈数增加，叶肉组织增厚，变硬发脆，直至变黑枯萎脱落。

形态特征：成虫体黑色有光泽。触角丝状9节，除第一、二节为黑色外，其余7节雄虫为黄色，雌虫为褐色。足细长，腿节以上为黑色，腿节以下为黄色。翅透明，淡黄色。低龄幼虫乳白色，老熟幼虫深红色，体11节，无足，腹中部稍宽大。卵长椭圆形，白色。蛹初为橘红色，临羽化时黑褐色。茧椭圆形，灰白色。

梨瘿蚊为害新梢状

梨瘿蚊为害状

正在产卵的梨瘿蚊成虫

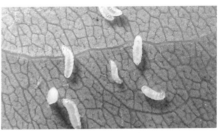

梨瘿蚊低龄幼虫

梨瘿蚊老熟若虫

梨瘿蚊幼虫放大

发生规律：安徽1年发生2代，浙江3～4代，以老熟幼虫在树冠下深0～6厘米土壤中及树干的翘皮裂缝中越冬。越冬代成虫盛发期为3月底至4月初，第一代为4月底至5月初，第二代为5月下旬，第三代为6月下旬。以第二代幼虫发生量大，为害重。

防治方法：①健康栽培，减少虫源。春季刮树皮，深翻梨园，发生期摘除有虫芽叶，集中销毁。②药剂防治。首先要做好成虫羽化出土和幼虫入土时的地面防治，芽萌发前喷布5波美度石硫合剂，尤其是在越冬成虫羽化前1周(3月中旬)或在第一、二代老熟幼虫脱叶高峰期，抓住降雨时幼虫集中脱叶，雨后有大量成虫羽化的有利时期，在树冠下地面喷洒50%辛硫磷乳油300～400倍液，然后耙松表土，降雨后用药效果较好，每667米^{2}用药液150千克。树上喷药可在越冬代和第一代成虫产卵盛期，用4.5%高效氯氰菊酯乳油1 500～2 000倍液，或2.5%高效氯氟氰菊酯乳油1 500～2 000倍液，或1.8%阿维菌素乳油3 000～4 000倍液喷雾，均有很好的防治效果。

梨花瘿蚊

学名：*Contarinia pyrirora* Riley

梨花瘿蚊又名梨花蕾蛆，属双翅目瘿蚊科。是梨树重要害虫之一，主要为害梨的花蕾。

为害状：花蕾露白时，成虫产卵于花蕾中，孵化后在蕾中为害，花蕾被害初期，出现1小黑斑点，以后黑斑点扩大，使整个花蕾变黑不能开放，或开花后，花蕊被害变黑不能结果，枯萎后脱落。

梨花瘿蚊为害花　　　　　　　　　梨花瘿蚊为害造成花干枯

　　形态特征：雄成虫体暗红色。头部小；复眼甚大，黑色；前翅具蓝紫色闪光，2支径脉明显，淡黄色，肘脉基部明显，端部不明显；平衡棒淡黄色；足细长，淡黄色。雌成虫触角丝状，各鞭节为圆筒形，两端各轮生一圈较短刚毛；腹末有管状伪产卵器；卵长椭圆形，初产时淡橘黄色，孵化前为橘红色。幼虫共4龄，长纺锤形，一、二龄幼虫无色透明，三龄幼虫半透明，四龄幼虫乳白色，渐变为橘红色。裸蛹，橘红色，蛹外有白色胶质茧。

梨花瘿蚊幼虫　　　　　　　　　　　梨花瘿蚊老熟幼虫

　　发生规律：1年发生1代，以幼虫在土中越冬，待第二年春季羽化出土上树产卵。3月下旬为幼虫初孵期，4月上旬为卵孵高峰期。

　　防治方法：梨花瘿蚊的药剂防治关键在于适时。第一次在梨芽萌动至花蕾露白前（成虫出土前）地面撒施，杀灭出土成虫，减少害虫基数。每667米²可选用50%辛硫磷乳油150～200克拌细土20～25千克均匀撒施。第二次在梨花露白30%时用药剂喷雾防治。药剂可选用80%敌敌畏乳油1 000倍液，或50%辛硫磷乳油1 000倍液对树冠均匀喷雾。

茶蓑蛾

　　学名：*Clania minuscula* Butler

　　茶蓑蛾又名布袋虫、避债蛾等，属鳞翅目蓑蛾科。主要为害梨、苹果、李、柑橘、桃、梅、柿、枣、葡萄、枇杷等。

　　为害状：幼虫在护囊中咬食叶片、嫩梢或啃食枝干、果实皮层，一至三龄幼虫大多只吃叶肉而留下上表皮成半透明黄色薄膜，三龄后则咬成孔洞或缺刻，甚至仅留叶脉。虫量多时可将叶片全部吃光，仅存秃枝。

形态特征：雌成虫蛆状，无翅，黄褐色；头甚小，褐色；胸、腹部黄白色；后胸和腹部第四至七节各簇生1环黄白色茸毛。雄虫体翅均深褐色，触角栉状，胸、腹部密被鳞毛，前翅近外缘有2个透明斑。卵椭圆形，乳黄白色。幼虫体色由肉黄渐至紫褐色，成长后体长16～26毫米，胸部、腹部肉黄色，背面中央较深，胸部背面有褐色纵纹2条，每节纵纹两侧各有褐色斑1个，腹部各节背面有黑色小突起4个，排成"八"字形。雄蛹咖啡色，臀棘末端具2短刺。雌蛹蛆状，腹末具短棘2枚。护囊纺锤形，枯褐色，囊外缀结平行排列的寄主植物小枝梗。

茶蓑蛾为害叶片

茶蓑蛾茧

发生规律：贵州1年发生1代，安徽、浙江、江苏、湖南等地1～2代，江西2代，多以三、四龄幼虫躲在护囊内越冬。2代区的第一代幼虫为害期在5月下旬至8月上旬，越冬幼虫为害期为9月至翌年5月。浙江越冬幼虫3月开始活动，成虫发生期6月中旬至7月上旬，7月中下旬至8月上中旬为幼虫为害期。幼虫多在傍晚活动，为喷药适时。

防治方法：①人工摘除。茶蓑蛾虫口比较集中，为害状明显，便于发现，可人工摘除。②灯光诱杀。利用其趋光性，可采取灯光诱杀成虫。③幼虫为害期可选用80%敌敌畏乳油、50%辛硫磷乳油1 000倍液，或2.5%氯氟氰菊酯乳油、2.5%溴氰菊酯乳油2 500倍液喷雾挑治。喷药时间以傍晚为好。

白囊蓑蛾

学名：*Chalioides kondonis* Matsumura

白囊蓑蛾又名白囊袋蛾、白避债蛾、棉条蓑蛾，属鳞翅目蓑蛾科。为害桃、苹果、梨、李、杏、梅、枇杷、柿、枣、石榴、柑橘、栗、核桃等。

为害状：参考"茶蓑蛾"。

形态特征：雌成虫体蛆状，足、翅退化，黄白色至浅黄褐色微带紫色。各胸节和一、二腹节背面为具有光泽的硬皮板，其中央具褐色纵线，体腹面至第七腹节各节中央皆具紫色圆点1个，三腹节后各节有浅褐色丛毛，腹部肥大，尾端收小似锥状。雄成虫体长6～11毫米，翅展18～21毫米，浅褐色，密被白长毛，尾端褐色，头浅褐色，触角暗褐色羽状；翅白色透明，后翅基部有白色长毛。卵椭圆形，浅黄至鲜黄色。幼虫体长25～30毫米，黄白色，头部橙黄至褐色，上具暗褐至黑色云状点纹；各胸节背面硬皮板褐色，中、后胸分成2块，各块上有黑色点纹；腹部黄白色，八、九腹节背面具褐色大斑，臀板褐色。蛹黄褐色，蓑囊灰白色长圆锥形，丝质紧密，上具纵隆线9条，表面无枝和叶附着。

白囊蓑蛾幼虫　　　　　　　　白囊蓑蛾护囊及为害状

发生规律：1年发生1代，以低龄幼虫于蓑囊内在枝干上越冬，翌春寄主发芽展叶期幼虫开始为害，6月老熟化蛹。6月下旬至7月羽化。

防治方法：参考"茶蓑蛾"。

小蓑蛾

学名：*Cryptothelea minuscula* Butle

小蓑蛾又称小背袋虫，属鳞翅目蓑蛾科。寄主植物有茶、梨、苹果、柑橘、桃、李、杏、枇杷、葡萄等果树，是一种杂食性害虫。

为害状：幼虫以护囊缀丝于叶背进行为害，稍微受到震动头部立即缩入护囊内。幼虫啃食嫩枝、新老叶片，重则形成光秃枝干，幼果脱落。

形态特征：雄成虫体翅深茶褐色，触角羽状，体表被白色细毛，腹面毛密而长，后翅底面银灰色，有光泽。雌成虫蛆状，体长6～8毫米，头咖啡色，胸、腹部米白色。卵椭圆形，乳黄色。成长幼虫体长5.5～9.0毫米，头咖啡色，体乳白色，前胸背面咖啡色，中、后胸背各有咖啡色斑纹4个，腹部第八节背面有褐色斑点2个，第九节有4个，臀板深褐色。雄蛹茶褐色，雌蛹蛆状，黄色，头小。

小蓑蛾幼虫

小蓑蛾护囊

发生规律：浙江、安徽1年发生2代，广东、福建3代。在杭州，以三、四龄幼虫在护囊内越冬，翌年3月开始活动，5月中下旬开始化蛹，第一、二代幼虫分别在6月中旬和8月下旬开始发生。

防治方法：参考"茶蓑蛾"。

小蓑蛾虫囊及为害状

梨叶甲

学名：*Parapsides duodecimpustulata* var. *hieroglyphica* (Gelber)

梨叶甲又名梨叶虫、梨金花虫，属鞘翅目叶甲科。主要为害梨苗木、幼树。

为害状：成虫、幼虫均食害梨叶和花器，多于叶背为害，喜食嫩叶，夏秋季常在梢头取食嫩叶，被害叶呈纱网状或孔洞及缺刻，严重时将枝梢叶片吃光。

梨叶甲低龄幼虫及为害状

梨叶甲幼虫为害状

梨叶甲幼虫群集为害

梨叶甲幼虫为害嫩茎

梨叶甲严重为害的梨树

形态特征：成虫体长约9毫米，黄褐色至赤褐色。头背中央具2黑斑横列。复眼椭圆形，黑色。触角11节，念珠状，从第六节开始逐渐膨大，端部较尖。前胸背板中央及两侧各有1菱形黑斑。鞘翅上有4段横行黑色斑带。卵长椭圆形，紫红色，卵块常6～40粒平铺于叶背，表面覆有红褐色胶质物。

梨叶甲成虫

梨叶甲成虫产卵

梨叶甲初产卵

梨叶甲产卵留下的痕迹

梨叶甲幼虫

梨叶甲蛹

幼虫橙色；头黑色；前胸背板中部黑色，两侧橙黄色，背线与亚背线黑色；胴部第二至十一节两侧各有1肉质突起，背面中部各有1横皱纹，皱纹前后各有1横列暗褐色斑。蛹略呈卵圆形，尾端细小，背面隆起，黄褐色。

发生规律：浙江、河南、江苏1年发生2代，以成虫在杂草、落叶和石块下越冬。成虫受惊有假死习性，4月出蛰爬到枝上食害嫩叶，4月上中旬为产卵期。初孵幼虫不甚活动，有群集习性，二龄后分散取食，食量以五、六龄最大，食害花器和嫩叶，然后取食老叶。第一代成虫6—7月发生，第二代成虫8月中下旬开始陆续出现。

防治方法：①健康栽培，减少虫源。早春清除果园内杂草、落叶，集中销毁。翻压靠近根际的土壤，消灭越冬成虫。②摘除卵块和虫叶。卵块特征明显，初孵幼虫集中为害，春季摘掉有卵和幼虫的叶片。③振落捕杀。利用成虫的假死性振落捕杀。④保护利用天敌。天敌瓢虫对梨叶甲有较好的控制作用，在瓢虫盛孵期尽量减少弥散性施药。也可人工繁殖释放瓢虫，充分发挥天敌昆虫的自然控制作用。⑤药剂防治。在幼虫三龄前施药，药剂可选2.5%溴氰菊酯乳油2 500倍液，或1.8%阿维菌素乳油3 000～4 000倍液。也可在化蛹盛期至羽化盛期在树冠下离主干1米范围内松土后撒毒土，每667米^{2}用50%辛硫磷乳油500毫升拌湿润细土50千克，或地面喷施40%辛硫磷乳油500倍液，可杀死一部分刚羽化出土的成虫，如药剂持效期长，防效可达90%以上，同时又保护了天敌。

榆黄叶甲

学名：*Pyrrhalta maculicollis* (Motschulsky)
榆黄叶甲属鞘翅目叶甲科。为害沙枣、桑、榆、杨、柳、槐、核桃、

榆黄叶甲为害梨树叶片

苹果、梨等。

为害状：成虫和幼虫均能啮食叶片，造成缺刻或孔洞，也可将叶片咬成仅留叶脉，严重时整个树冠一片枯黄。

形态特征：体近长方形，棕黄色至深棕色，头顶中央具1桃形黑色斑纹。触角大部、头顶斑点、前胸背板3条纵斑纹、中间的条纹、小盾片、肩部、后胸腹板以及腹节两侧均呈黑褐色或黑色。触角短，不及体长之半。鞘翅上具密刻点。卵长约1毫米，长圆锥形，顶端钝圆。末龄幼虫体长9毫米，黄色，周身具黑色毛瘤。足黑色。蛹长约7毫米，乳黄色，椭圆形，背面生黑刺毛。

榆黄叶甲成虫

发生规律：1年发生2代，以成虫在枯枝落叶或树缝中越冬。越冬成虫4月开始活动，交尾后产卵于叶背，卵成双行排列。卵孵化后初孵幼虫分散啮食叶肉，后期咬穿叶片形成孔洞。6月中下旬幼虫老熟，在落叶堆或浅土层中化蛹，1周后羽化为成虫。成虫较活跃，具假死性。天气炎热时白天栖息于叶背，早晚取食。

防治方法：同"梨叶甲"。

榛绿卷象

学名：*Byctiscus betulae* L.

榛绿卷象又名梨卷叶象甲、白杨卷叶象鼻虫，属鞘翅目象甲科。除为害梨、苹果、山楂外，还为害杨树等树木。

为害状：成虫食害梨树新芽、嫩叶，展叶后又卷叶成筒状。幼虫在卷叶内食害，使卷叶逐渐干枯脱落，受害严重的梨园，树上挂满虫卷。

形态特征：成虫体长约6毫米(头管除外)，头长方形，向前方延伸成象

榛绿卷象为害叶片形成卷筒状（王洪平提供）

榛绿卷象为害叶片
（王洪平提供）

鼻状，体有紫色金属光泽。前胸侧缘呈球面状隆起，鞘翅上有成行的粗刻点。雄成虫前胸两侧各有1伸向前方的锐刺，雌成虫无此锐刺。卵椭圆形，乳白色。老熟幼虫头褐色，体乳白色，稍弯曲，属有头无足型。裸蛹，略呈椭圆形，初乳白色，以后色渐深。

发生规律：辽宁1年发生1代，以成虫在地面杂草中或地下表土层内做土室越冬。梨树发芽时，成虫出蛰活动，梨叶展开后卷叶产卵为害。8月上旬羽化为成虫，8月下旬至9月中旬部分成虫从土中钻出，到杂草中越冬；有一

榛绿卷象为害果实
（王洪平提供）

榛绿卷象成虫（王洪平提供）

榛绿卷象蛹（王洪平提供）

部分成虫羽化后不出土，即在土中越冬。

防治方法：①摘捡卷叶灭虫。摘除树上被害叶卷，并每隔5天捡拾1次落地卷叶，集中销毁，消灭卷叶中的卵和幼虫。②振落捕杀。利用成虫假死习性，在成虫产卵前于早晨振落捕杀。③药剂防治。参考"梨虎象"。

大灰象甲

学名：*Sympiezomias velatus* Chevrolat

大灰象甲属鞘翅目象甲科。为害苹果、梨、柑橘、桃等果树苗木。

为害状：以成虫为害幼芽、叶片和嫩茎。梨树苗期受害后生长受阻，甚至造成缺苗，被咬食的叶片呈现圆形或半圆形的缺刻。

形态特征：成虫全体灰黄或灰黑色，复眼黑色，椭圆形。头管短粗，表面有3条纵沟，中间的沟为黑色。触角黑灰色，膝状，基部具弧形沟。鞘翅略呈卵圆形，底色灰黄，其上有不规则的黑褐色短纵斑纹，并有纵沟10条。卵长椭圆形，初为乳白色，渐变黄褐色。幼虫乳白色，无胸足，体弯曲，各节背面有许多横皱。蛹乳白色。

大灰象甲成虫及为害状

发生规律：2年发生1代，第一年以幼虫越冬，第二年以成虫在土中越冬。成虫不能飞，有假死性。越冬虫4月恢复活动，5月下旬开始产卵，6月中下旬为产卵盛期。卵成块产于叶片上，6月下旬陆续孵化。

防治方法：①人工捕杀。利用成虫活动迟缓、不能飞翔、假死的特性，展开人工捕捉。②药剂防治。成虫出土前于树干周围地面撒施药土触杀。药剂可参考"梨虎象"。

铜绿金龟子

学名：*Anomala corpulenta* Motschulsky

铜绿金龟子属鞘翅目丽金龟科。为害苹果、山楂、海棠、梨、杏、桃、李、梅、柿、核桃、草莓等。

为害状：成虫取食叶片，常造成叶片残缺不全，幼虫为害梨树根系，使梨树叶片萎黄甚至整株枯死。

形态特征：成虫触角黄褐色，鳃叶状。头部、前胸背板、小盾片和鞘翅呈铜绿色，具闪光，头和前胸背板色较深，鞘翅色淡，有纵脊4条，前胸背板密生刻点，腹部腹板黄白色。卵椭圆形，乳白色，孵化前可增大成近圆形。幼虫称蛴螬，体肥胖，常弯曲近C形，白色或乳白色。体壁较柔软，多皱，体表疏生细毛。头大而圆，多为黄褐色或红褐色，生有左右对称的

铜绿金龟子成虫

刚毛。肛腹片后部复毛区的刺毛列由13～19根长针状刺组成，刺毛列的刺尖常相遇。蛹长椭圆形，土黄色，裸蛹。雄末节腹面中央具4个乳头状突起，雌则平滑。

发生规律：1年发生1代，以三龄幼虫在土内越冬，翌年春季土壤解冻后，10厘米内土温升到8℃以上时，越冬幼虫开始上升，3月下旬至4月上旬开始为害，取食植物根部，5—6月做土室化蛹，南方成虫5月下旬始见，

铜绿金龟子幼虫

6月中旬至7上旬为成虫羽化盛期。成虫喜栖息在疏松、潮湿的土壤中，羽化后3天出土，昼伏夜出，飞翔力强，黄昏上树取食交尾，以闷热无雨夜间活动最盛。成虫有较强的趋光性和假死性。卵多次散产在3～10厘米土层中。北方5月下旬至6月中下旬为化蛹期，7月上中旬至8月是成虫发生期，7月上中旬是产卵期，7月中旬至9月是幼虫为害期。老熟幼虫多在5～10厘米土层内做土室化蛹。5、6月雨量充沛，出土则早，盛发期提前。每年春秋形成两次为害高峰。

防治方法：参考果实害虫"白星花金龟"。

斑喙丽金龟

学名：*Adoretus tenuimaculatus* Waterhouse

斑喙丽金龟属鞘翅目丽金龟科。为害葡萄、山楂、柿、苹果、梨、桃、枣、板栗及菜豆、大豆、玉米等。

为害状：成虫食叶成缺刻或孔洞，食量较大，在短时间内可将叶片吃光，只留叶脉，幼虫为害苗木根部。

斑喙丽金龟为害叶片

斑喙丽金龟群集为害

形态特征：成虫体长椭圆形，褐色或棕褐色，腹部色较深。全体密被黄褐色披针形鳞片，光泽较暗淡。头大，唇基近半圆形，前缘上翘，头顶隆拱，复眼圆大，上唇下缘中部向下延长似喙。触角10节，鳃片部3节。前胸背板短阔，前缘弧形内弯，侧缘弧形扩出，前侧角锐角

斑喙丽金龟成虫

形，后侧角接近直角。小盾片三角形。鞘翅有成行的灰白色白斑，端凸上鳞片常十分紧挨而成明显白斑，其外侧尚有1较小白斑。卵长椭圆形，乳白色。幼虫体长16～20毫米，乳白色；头部棕褐色，胸足3对，腹部9节，肛腹片后部的钩状刚毛较少，排列均匀。蛹前圆后尖，乳黄或黄褐色，腹末端有褐色尾刺。

发生规律：河北、山东1年发生1代，江西1年发生2代，均以幼虫越冬。翌春1代区5月中旬化蛹，6月初成虫大量出现，直到秋季均可为害；2代区4月中旬至6月上旬化蛹，5月上旬始见成虫，5月下旬至7月中旬进入盛期，7月下旬为末期。第二代成虫8月上旬出现，8月下旬至9月上旬进入盛期，9月下旬为末期。成虫昼伏夜出，取食、交配、产卵，黎明陆续潜入土中。卵产于土中。幼虫孵化后为害植物地下组织，10月间开始越冬。

防治方法：①诱杀。根据该虫具有趋光性，可设黑光灯在天气闷热的夜晚进行诱杀。利用性信息素诱捕成虫，对其进行诱杀。②振落捕杀。利用成虫的假死性，可在树下振落捕杀。③保护利用天敌。金龟子的天敌很多，如各种益鸟、刺猬、青蛙、步行虫等，都能捕食金龟子成虫和幼虫，应注意保护和利用。④化学防治。参考"白星花金龟"。

小青花金龟

学名：*Oxycetonia jucunda* Faldermann

小青花金龟又名小青花潜，属鞘翅目花金龟科。

为害状：成虫喜食多种植物幼芽、花器和嫩叶及成熟的果实；幼虫为害植物地下部组织。梨树开花时成虫大量出现，集中为害花瓣、花蕊和柱头。

小青花金龟成虫

形态特征：成虫体长椭圆形，稍扁。背面暗绿或绿色至古铜微红及黑褐色，变化大，多为绿色或暗绿色；腹面黑褐色，具光泽，体表密布淡黄色毛和刻点。头较小，黑褐或黑色，唇基前缘中部深陷；前胸背板近梯形，前缘呈弧形，凹入，后缘近平直，两侧各有1个白斑。小盾片三角状；前胸和鞘翅暗绿色，鞘翅上散生多个白或黄白绒斑。鞘翅狭长，且内弯。腹板黑色，分节明显。各节有排列整齐的细长毛，腹部侧缘各节后端具白斑。前足胫节外侧具3齿。卵椭圆形或球形，初乳白渐变淡黄色。幼虫体乳白色，长32～36毫米。头棕褐色或暗褐色，上颚黑褐色；前顶刚毛、额中刚毛、额前侧刚毛各1根。裸蛹，初淡黄白色，后尾部变橙黄色。

发生规律：每年发生1代，北方以幼虫越冬，南方可以幼虫、蛹及成虫越冬。以成虫越冬的翌年4月上旬出土活动，4月下旬至6月盛发，雨后出土多。成虫白天活动，中午前后气温高时活动频繁，取食为害最重，多群集在花上。成虫喜食花器，故随寄主开花早迟转移为害，成虫飞翔力强，具假死性，风雨天或低温时常栖息在花上不动，夜间入土潜伏或在植株上过夜，成虫经取食后交尾、产卵，卵散产在土中、杂草或落叶下。孵化后幼虫为害根部，老熟后化蛹于浅土层。

防治方法：参考"白星花金龟"。

梨叶蜂

学名：*Calivoa matsumotonis* Harukawa

梨叶蜂又称桃粘叶蜂，属膜翅目叶蜂科。为害梨、桃、李、杏、樱桃、柿、山楂等。

为害状：以幼虫为害叶片。低龄幼虫食害叶肉，仅残留表皮，由叶缘向内食害，取食时多以胸、腹足抱持叶片，尾端常翘起。幼虫稍大后取食叶片呈不规则缺刻与孔洞，严重发生时将叶吃得残缺不全，甚至仅残留叶脉。

形态特征：成虫体粗短，黑色，有光泽；头部较大；触角丝状，9节，上生细毛；复眼较大，暗红色至黑色，单眼3个，在头顶呈三角形排列；前胸背板后缘向前凹入较深，雄虫胸部全黑色，雌虫胸部两侧和肩板黄褐色；翅宽大、透明，微带暗色，翅脉和翅痣黑色；雄虫腹部筒形，雌虫略呈竖扁，产卵器锯状。卵绿色，略呈肾形，两端尖细。幼虫体长10毫米，黄褐至绿色；头近半球形，体光滑，胸部膨大，胸足发达，腹足6对，着生在第二至六腹节和第十腹节上。初孵幼虫头部褐色，体淡黄绿色，单眼周围和口器黑色。

梨叶蜂为害状

梨叶蜂幼虫

梨叶蜂低龄幼虫群集为害

发生规律：以老熟幼虫在土中结茧越冬。河南、南京等地，成虫于6月羽化出土，8月进入幼虫为害盛期，在陕西等地8月上旬幼虫为害最烈。9

月下旬至10月中旬幼虫老熟后下树入土结茧，在土表下3厘米处越冬。

防治方法：①翻耕灭虫。在春、秋季对桃园进行深翻或浅耕，使越冬茧露出土面或埋入深层，可杀灭越冬幼虫。②地面防治。在6月地面防治桃蛀果蛾时，用25%辛硫磷微胶囊剂300倍液处理地面，对梨叶蜂有很好的兼治作用。③树上喷药。在幼虫发生为害期喷药，药剂可参考"黄刺蛾"。

黑刺粉虱

学名：*Aleurocanthus spiniferus* (Quaintance)

黑刺粉虱又名橘刺粉虱，属半翅目粉虱科。主要为害葡萄、茶、油茶、山茶、柑橘、梨、柿等。

为害状：以成、若虫聚集叶片背面、果实和嫩枝刺吸汁液，形成黄斑，分泌蜜露，诱发煤烟病，使梨树枝叶发黑，枯死脱落。被害叶出现失绿黄白斑点，渐扩展成片，进而全叶苍白脱落。

形态特征：成虫略小，体除腹部橙黄色外，体翅均紫褐色，前翅周缘有7个白斑；后翅淡褐色、无斑。体

黑刺粉虱为害叶

表薄覆白色蜡粉，腹红色。卵香蕉形，基部有1短柄与叶背相连，初产时乳白色渐变深黄色，孵化前呈紫褐色。初孵若虫长椭圆形，体乳黄色，具足，能爬行，固定后很快变黑色，背面出现2条白色蜡线呈"8"字形，后期背侧面生出黑色粗刺，周缘出现白色细蜡圈。蛹近椭圆形，初期乳黄色，透明，后渐变黑色。蛹壳黑色有光泽，周缘白色蜡圈明显，壳边呈锯齿状，背面显著隆起。

发生规律：浙江、福建、江西、湖南1年发生4代，以二、三龄幼虫在叶背越冬，田间发生很不整齐。翌年3月化蛹，3月下旬至4月上中旬羽化为成虫，卵产在叶背面。黑翅粉虱喜郁蔽的生态环境。在浙南地区各代一、二龄若虫盛发期为5月中下旬至6月上旬、6月下旬至7月中旬、8月上旬至9月上旬、10月下旬至11下旬。

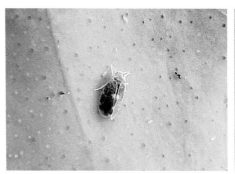

黑翅粉虱成虫

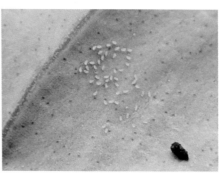

黑翅粉虱初产卵

防治方法：①剪除病虫枝、密生枝，改善环境，破坏害虫栖息场所。②生物防治。在5月中旬阴雨连绵时期可每667米²用韦伯虫座孢菌菌粉（每毫升含孢子量1亿）0.5～1千克喷施或用韦伯虫座孢菌枝挂放梨树四周，每平方米5～10枝。③药剂防治。抓住第一代和第二代若虫盛发期喷药。药剂可选用22％氟啶

黑翅粉虱蛹及刚羽化的成虫

虫胺腈悬浮剂4 000～5 000倍液，或25％噻虫嗪水分散粒剂5 000～6 000倍液，或33％螺虫·噻嗪酮悬浮剂2 000～3 000倍液，或25％噻嗪酮可湿性粉剂1 500～2 000倍液，或10％吡虫啉可湿性粉剂1 500～2 000倍液，或8.8％阿维·啶虫脒乳油4 000～5 000倍液。黑翅粉虱大多在叶背为害，用药应着重喷透叶背面，防止漏喷，轻发梨园宜进行挑治或与其他害虫的防治结合进行。

山楂叶螨

学名：*Tetranychus viennensis* Zacher

山楂叶螨属蛛形纲蜱螨目叶螨科。主要为害苹果、梨、桃、李、山楂。

为害状：山楂叶螨常群集叶背拉丝结网，于网下取食叶片汁液，叶片被害后成块失绿，严重时叶片变红褐色，易引起早期脱落。

形态特征：雌成螨椭圆形，深红色；体背前端稍隆起，后部表皮纹横

山楂叶螨为害的叶片变褐色　　山楂叶螨为害的叶片失绿、变灰白

向；背毛26根，分成6排；刚毛基部无瘤状突起；足4对，淡黄色或黄白色，较体为短。冬型雌成螨鲜红色，夏型雌成螨初蜕皮时为红色，后渐变深红色。雄成螨从第三对足之后，体逐渐变细，末端尖削。卵圆球形，前期产的卵为橙黄色，后逐渐变淡至黄白色。幼螨足3对；初孵时为圆形，黄白色，取

山楂叶螨为害叶背并拉丝结网

食后渐呈浅绿色。若螨足4对；前期若螨体背开始出现刚毛，体背两侧透露出明显的黑绿色斑纹；后期若螨较前期若螨大，形似成螨，可辨别雌雄。

发生规律：北方1年发生6～10代，以受精雌成螨在梨树主干、主枝、侧枝和翘皮下或主干周围的土壤缝隙内越冬，梨树芽膨大和现蕾期，成螨出蛰活动，上枝爬到花芽上取食，展叶后即为害叶片。辽宁梨区，越冬雌成螨一般在4月末开始上芽为害，盛期在5月中旬。山楂叶螨以第一代发生较为整齐，以后各代世代重叠。全年以6月下旬至8月上旬为害最重，尤其是干旱年份，为害最烈。

防治方法：①刮树皮灭螨。春季刮除梨树老翘皮，消灭越冬雌成螨。

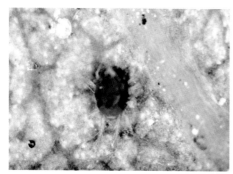

山楂叶螨成螨（放大）

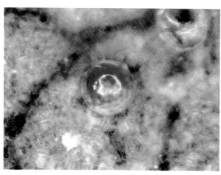

山楂叶螨卵（放大）

②化学防治。抓好越冬雌成螨出蛰期（梨芽膨大期）和内膛聚集阶段(5月中旬至6月中旬)的防治。山楂叶螨对硫制剂比较敏感，使用50%硫悬浮剂效果较好，出蛰期使用浓度以200倍液为宜，生长季可使用400倍液；谢花后展叶期喷20%四螨嗪乳油1 500～2 000倍液，或20%速螨酮乳油2 000～3 000倍液，或

山楂叶螨若螨（放大）

5%噻螨酮乳油2 000～2 500倍液，或11%乙螨唑悬浮剂4 000～5 000倍液，或20%双甲脒乳油800～1 000倍液，或24%螺螨酯悬浮剂4 000～5 000倍液，或50%溴螨酯800～1 000倍液；6月上中旬虫口密度激增时可用73%炔螨特乳油2 000～3 000倍液，或20%阿维·螺螨酯悬浮剂4 000～5 000倍液，喷药时要均匀周到。

苹果全爪螨

学名：*Panonychus ulmi* Koch

苹果全爪螨又称榆全爪螨、苹果叶螨。属蛛形纲蜱螨目叶螨科，主要为害梨、苹果。

为害状：以口器刺入叶片组织内为害。受害叶片初呈失绿斑点，严重时叶片全部失绿变色。

苹果全爪螨为害的叶片失绿变色

苹果全爪螨为害的叶片

苹果全爪螨为害的叶片变黄

苹果全爪螨为害严重导致叶片枯死

形态特征：雌成螨体圆形，红色，取食后变为深红色，背部显著隆起。雄成螨初蜕皮时为橘红色，取食后呈深红色，体尾端较尖。幼螨足3对，由越冬卵孵出的第一代幼螨呈淡橘红色，取食后呈暗红色。夏卵初孵幼螨为黄色，后变为橘红色或深红色。若螨足4对，分前期若螨和后期若螨。前期若螨体色较幼螨深，后期若螨体背毛较为明显，体形似成螨，可辨雌雄。夏卵橘红色，冬卵深红色。

发生规律：辽宁西部梨区1年发生6～7代，山东、河北中部7～9代，以卵在果台或二年生枝条上越冬。5月上旬出现成螨，5月中旬为成螨发生高峰期，进入6月以后，出现世代重叠现象，6—8月是全年为害最重的时期。

防治方法：参考"山楂叶螨"。

苹果全爪螨成、若螨

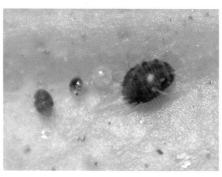

苹果全爪螨成螨（放大）

苹果全爪螨卵（放大）

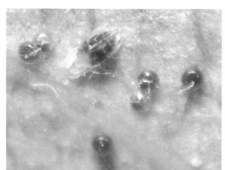

苹果全爪螨幼螨与卵（放大）

果苔螨

学名：*Brevipalpus rubyiocuws* (Scheuten)

果苔螨又名长腿红蜘蛛、扁红蜘蛛、小红苔螨等，属蜱螨目苔螨科。主要为害苹果、梨、沙果、桃、李、杏、樱桃等。

为害状：梨叶受害后先失绿而呈苍白斑点，后逐渐变成紫红色，被害严重的叶片不能正常生长，变成黄绿色，出现坏死斑。芽被害后多枯黄变黑，严重时焦枯死亡。

果苔螨为害叶片状（王洪平提供）

形态特征：雌螨体扁椭圆形，褐红色、绿褐色或黑褐色。前、后半体之间界限明显，身体周缘有明显的浅沟。体背面有粗糙横褶皱，并满布圆形小颗粒。体背中央纵列两排扁平、白色、叶状刚毛16对。第1对足常超过体长。卵圆球形，表面光滑，有一层薄蜡状胶质。越冬卵深红色，夏卵红色，近孵化时呈污白色。初孵幼螨几乎为圆形或椭圆形，橘红色，取食后呈墨绿色，背面平坦。足3对，背毛棒状，上有锯齿。

果苔螨雌成螨（王洪平提供）

果苔螨越冬卵（王洪平提供）

发生规律：在北方果区1年发生3～5代，江苏等南方地区发生7～10代，以越冬卵于主侧枝阴面的粗皮缝隙中、二年生以上枝条分杈处、枝条下面和短果枝叶痕等处越冬。当春季气温平均为7℃以上、梨树发芽时开始孵化，吐蕾期恰为其孵化盛期，全年为害期集中在5—7月，6—7月为发生盛期，以后随气温升

果苔螨后期若螨静止期（王洪平提供）

高，虫口密度逐渐减小。在5代区，各代成螨盛发期大体为5月下旬、6月中下旬、7月中旬、8月中旬和9月上旬。果苔螨性极活泼，常往返于叶与果枝间，主要于叶面、果面为害。无吐丝结网习性。行孤雌生殖。夏卵多产在果枝、果台和叶柄等处，幼螨孵化后多集中于叶面基部为害，并在叶柄、主脉凹陷处静止蜕皮。若螨喜在叶柄和枝条等处静止蜕皮。

防治方法：参照"山楂叶螨"。

梨叶肿壁虱

学名：*Eriophyes pyri* Pagenst

梨叶肿壁虱又称梨潜叶壁虱、梨叶肿瘿螨，俗称梨叶肿病、梨叶疹病，属蛛形纲蜱螨目瘿螨科。主要为害梨，亦可为害苹果。

为害状：主要以成螨、若螨为害嫩叶，发生量大时，也能为害叶柄、幼果、果柄等部位。被害叶初期出现谷粒大小的淡绿色疱疹，继之逐渐扩大变为红色、褐色，最后变成黑色。疱疹多发生在主脉两侧和叶片中部，嫩叶疱疹多时，正面隆起，背面凹陷卷曲，严重时早期脱落。

梨叶肿壁虱为害叶片造成的疱疹　　　　梨叶肿壁虱多在主脉两侧和叶片中部为害

形态特征：成螨体圆筒形，白色、灰白色或稍带红色。口器钳状向前突出。体先端有足2对，体上具许多环状纹，尾端具2根长刚毛。若螨体较小，形似成螨。卵圆形，半透明。

发生规律：1年发生多代，以成螨在芽鳞片下越冬。春季梨展叶后，出蛰成螨从气孔侵入组织内。以5月中下旬为害最为严重。

防治方法：药剂防治时要抓住春季越冬成螨出蛰这一关键时期。在梨树芽萌动时喷药，药剂种类参照"山楂叶螨"。

梨缩叶壁虱

学名：*Epitrimerus pirifoliae*

梨缩叶壁虱属蛛形纲蜱螨目瘿螨科。别名梨缩叶病。主要寄主为梨、苹果、桃、山楂等。

为害状：以成螨和若螨为害梨叶片、花等，被害叶首先叶缘呈现肥厚状，叶背肿胀皱缩呈海绵状，使叶片皱缩沿叶缘向正面卷缩，呈凸凹不平状，严重时扭曲成双卷筒状，展叶期受害叶红肿皱缩。

梨缩叶壁虱为害致叶片皱缩沿叶缘向正面卷缩　　梨缩叶壁虱展叶期为害致叶片红肿皱缩

梨缩叶壁虱为害状（王洪平提供）　　梨缩叶壁虱严重为害时叶片扭曲成双卷筒状

形态特征：成螨体前端粗，向后渐细，稍弯曲，似胡萝卜形，油黄色，半透明；体侧似锯齿状；体两侧各有4根刚毛，尾部两端各1根；尾端有一吸盘，可以固着在叶片上，虫体直立，可左右摆动；足2对，伸向前方。若螨形似成螨，体小细长，黄白色。

发生规律：1年发生多代，以成螨在枝条的翘皮下、芽鳞片下越冬，每年春季梨树萌芽和花芽开绽时，成螨迅速出蛰为害嫩芽，随着叶片开展，集中在叶正面为害。全年以5月下旬以前为害最重。

防治方法：①早春清园。在梨芽膨大时喷布3～5波美度石硫合剂，或

50%硫悬浮剂50～100倍液，对潜藏在芽内越冬的成螨有较好的防治作用。②生长季防治。梨树花芽开绽时正值成螨出蛰期施药防治，药剂种类可参考"梨锈壁虱"。

梨锈壁虱

学名：*Epitrimerus pyri* Nalepa

为害状：梨锈壁虱主要为害新梢先端幼叶，尤其是徒长先端幼叶，吸取汁液使新梢叶片呈灰色，缺乏光泽，逐渐变为灰褐色，受害叶叶背呈铁锈状，叶面失绿，叶片向下卷缩、变小、变脆。由于叶片卷缩，叶表绒毛增密，看上去枝梢呈银灰色。叶片易脱落，留下光秃的枝梢或梢尖，影响树势和花芽分化。

梨锈壁虱为害新梢叶片致呈灰色

梨锈壁虱为害枝梢致呈银灰色

梨锈壁虱为害导致叶片变脆、下卷

形态特征：成虫体长不超过0.2毫米，黄乳白色，圆锥形，尾端有一吸盘，可以固着在叶面上，体直立左右摇摆，体节很多，体侧似锯齿状。卵圆球形，乳白色，透明。若螨乳白色略带黄，半透明，形似胡萝卜。

发生规律：1年发生7～8代，以成虫在新芽基部表皮间隙和粗皮

下越冬，梨开花期越冬成螨开始活动，在高温干燥的气候条件下5月大量发

生，以6—7月为害最烈。

防治方法：5月下旬，加强梨园检查，发现个别梢头受害变灰色，就立即喷药。6—7月新梢发育停止期为重点防治时期，药剂可用5%唑螨酯悬浮剂2 500～3 000倍液，或15%噻螨酮乳油2 000～3 000倍液，或1.8%阿维菌素乳油4 000～5 000倍液。

2.枝干害虫

星天牛

学名：*Anoplophora chinensis* (Forster)

星天牛又名抱脚虫、脚虫、盘根虫、花牯牛，属鞘翅目天牛科。为害梨、柑橘、枇杷、桃、杏、无花果、苹果、樱桃等果树。

为害状：以幼虫蛀害梨树主干基部距地面45厘米和地下主根15厘米以内。初孵幼虫在树皮下蛀食，在皮层中蛀食时所排泄的粪便填塞于皮下，造成大块皮层死亡。2个月后蛀入木质部，直至根部，其咬碎的木屑及粪便部分填塞虫道，部分排出孔外，排出的粪便堆集在树干基部周围，虫粪为木质纤维状，较粗糙，初为白色，后变黄褐色，受害梨树生长不良，致使树枝枯黄落叶，甚至整株枯死。

星天牛幼虫及为害状　　　　　　　　星天牛为害茎

形态特征：成虫漆黑色，有光泽。雌虫触角比体略长，雄虫的超过体长1倍。前胸背板光滑，胸部两侧有向外的突角。鞘翅上有白色细毛组成的斑点，每翅约有20个，排成不整齐的5横行。卵长圆筒形，初为乳白色后为黄褐色。幼虫初孵化时体长4毫米，老熟幼虫45～65毫米，乳白色，圆筒形；头部和口器褐色，胸部肥大，前胸背板前方左右各有1黄褐色飞鸟形斑纹，后半部有一块"凸"字形大斑纹，略隆起，全体有稀疏褐色细毛。胸足退化，中胸腹面、后胸及腹部第一至七节背腹两面均有移动器。蛹长约30毫米，乳白色，后变为黑褐色，触角细长卷曲，体似成虫。

星天牛成虫

星天牛初孵幼虫（放大）

星天牛低龄幼虫

星天牛高龄幼虫

星天牛幼虫头、胸部（放大）

星天牛蛹

发生规律：南方1年发生1代，北方2～3年发生1代，以幼虫在树干基部或主根内越冬。4月下旬始出现成虫，5、6月为羽化盛期，5月底至6月中旬为产卵盛期，产卵痕L或一形，产卵处表面湿润，有树脂泡沫流出。

防治方法：①人工捕捉成虫。5—7月成虫发生期，于闷热的晴天中午进行人工捕杀。②树干涂白。在成虫羽化产卵前用生石灰5千克、硫黄0.5千克、水15千克、盐和油各0.35千克，调成灰浆，涂刷树干和基部，可减少成虫产卵。③刮杀虫卵。在6—8月用利刀刮杀虫卵（流胶泡沫处）。④钩杀幼虫或药杀幼虫。春秋季发现树干基部有新鲜虫粪时，及时用粗铁丝将虫道内虫粪清除后进行钩杀，后用脱脂棉球蘸80%敌敌畏乳油5～10倍液塞入虫孔内，再用湿泥封堵，以毒杀幼虫。⑤化学防治。5月下旬至8月星天牛产卵期，可用农药拌沙堆在树兜处或在树干基部喷布氟氯氰菊酯，驱避其产卵。在成虫活动盛期，用80%敌敌畏乳油，掺和适量水和黄泥，搅成稀糊状，涂刷在树干基部或距地面30～60厘米以下的树干上，可毒杀在树干上爬行及咬破树皮产卵的成虫和初孵幼虫。成虫发生期选择晴天将2%噻虫啉微囊悬浮剂1 000～2 000倍液喷洒在枝干、树冠和其他天牛成虫出没处。在成虫出孔盛期，还可喷2.5%溴氰菊酯、2.5%氯氟氰菊酯、5%高效氯氰菊酯、20%甲氰菊酯乳油1 000～3 000倍液，或10%吡虫啉可湿性粉剂1 500倍液，隔5～7天喷树干1次，每次喷透，使药液沿树干流到根部，或用上述菊酯类农药200～400倍液或有机磷类农药50～100倍液涂干。

桑天牛

学名：*Apripona germari* (Hope)

桑天牛属鞘翅目天牛科。主要为害桑，也为害苹果、梨、槟沙果、海棠、李、樱桃、柑橘、无花果、枇杷等。

为害状：成虫食害嫩枝皮和叶。幼虫孵化后于韧皮部和木质部之间向枝条上方蛀食约1厘米，然后蛀入木质部内向下蛀食，稍大即蛀入髓部。开始每蛀5～6厘米长向外蛀1排粪孔，随虫体增长排粪孔距离加大，小幼虫粪便红褐色细绳状，大幼虫的粪便为锯屑状。幼虫一生蛀隧道长达2米左右，隧道内无粪便与木屑，隔一定距离向外蛀1通气排粪孔，排出大量粪屑，削弱树势，重者枯死。

桑天牛成虫咬成U形刻槽

桑天牛为害排出虫粪

桑天牛排出虫粪

桑天牛幼虫的蛀道

桑天牛幼虫为害茎

　　形态特征：成虫体密被黄褐色细绒毛，触角鞭状。头部和前胸背板中央有纵沟，前胸背板前后横沟间有不规则的横皱或横脊，侧刺突粗壮。鞘翅基部密布黑色光亮的颗粒状突起，约占全翅长的1/4～1/3；翅端内、外角均呈刺状突出。卵长椭圆形，稍扁而弯，初乳白后变淡褐色。幼虫体长60～80毫米，

桑天牛成虫

桑天牛幼虫　　　　　　　　　桑天牛幼虫头、胸部

圆筒形，乳白色。头黄褐色，大部缩在前胸内。腹部13节，无足，前胸节较大略呈方形，背板上密生黄褐色刚毛，后半部密生赤褐色颗粒状小点并有"小"字形凹纹；第三至十节背、腹面有扁圆形步泡突，上密生赤褐色颗粒。蛹纺锤形，初淡黄色，后变黄褐色，翅芽达第三腹节，尾端轮生刚毛。

发生规律：北方2～3年发生1代，广东1年1代，以幼虫在枝干内越冬。北方7～8月为成虫发生期。成虫多晚间活动取食，以早、晚较盛，以二至四年生枝上产卵较多，先将表皮咬成U形伤口，然后产卵于其中，每处产1粒。

防治方法：参考"星天牛"。

苹枝天牛

学名：*Linda fraterna* Chevr.

苹枝天牛又称顶斑筒天牛，属鞘翅目天牛科。为害苹果、梨、桃、李、梅、杏、樱桃、柑橘等。

为害状：以幼虫在细枝内蛀食，造成枝梢枯死。初孵化幼虫先在环沟上方嫩梢上蛀食幼嫩的木质部，不久即沿髓部向下蛀食，被害枝条中空成筒状。幼虫每隔一定距离咬一圆形排粪孔，排出淡黄色粪便。

形态特征：成虫体橙黄色，密生黄绒毛，鞘翅、触角、复眼、口器和足均为黑色。卵椭圆形，黄白色。老熟幼虫体长28～30毫米，头部褐色，全体橙黄色，前胸背板淡褐色，两侧各有1斜向的沟纹，似倒"八"字形。蛹体长与成虫近似，淡黄色，头顶有1对突起。

发生规律：1年发生1代。以老熟幼虫在被害枝条内越冬。翌年4月化蛹，成虫羽化后不及时脱出，至6月才出现成虫。

苹枝天牛为害造成枯秆

苹枝天牛排粪孔

苹枝天牛为害致枯秆

苹枝天牛为害致枝折断

苹枝天牛为害枝

苹枝天牛幼虫虫道

苹枝天牛低龄幼虫

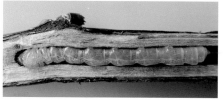
苹枝天牛高龄幼虫

防治方法：7—8月，加强梨园巡视检查，被害部以上的叶片枯黄，极易识别，可及时剪除，杀灭枝内幼虫。其他措施参考"星天牛"。

桃红颈天牛

学名：*Aromia bungii* Faldermann

桃红颈天牛又名钻木虫、铁炮虫等，属鞘翅目天牛科。为害桃、杏、梨、李、梅、樱桃等。

为害状：以幼虫蛀食树干，先在树皮下蛀食，钻成纵横虫道，后钻入木质部，上下串食蛀成虫道，隔一定距离向外蛀1排粪孔，并排出木屑状粪便堆积在树干周围，树干受害后易引起流胶。受害树干中空，皮层脱落，生长衰弱，严重时全树死亡。

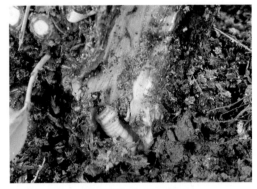

桃红颈天牛为害状

形态特征：成虫体长28～37毫米，黑色，前胸呈棕红色，有光泽。前胸两侧各有1刺突，背面有瘤状突起。触角基瘤十分突出。雄虫触角比身体长，雌虫触角与身体等长。卵长圆形，乳白色。幼虫体长50毫米，黄白色，前胸背板扁平方形，前半部横列黄褐色斑块4个，后半部色淡且有纵皱纹。蛹淡黄白色，羽化前变黑色，前胸两侧和前缘中央各有突起1个。

桃红颈天牛成虫

桃红颈天牛幼虫

桃红颈天牛蛹

　　发生规律：2～3年发生1代。以幼虫在蛀道内过冬，翌年3—4月恢复活动，在皮层下和木质部蛀食，以5～6月为害最烈。幼虫老熟后在木质部的蛀道内黏结粪便木屑作茧化蛹，6—7月出现成虫，一般雨后出洞较集中。成虫午间多停歇在枝干上和树冠叶丛中，卵多产于主干、主枝的树皮缝隙中，以近地面约30厘米的范围内较多。初孵幼虫蛀入韧皮部，先在树皮下蛀食，幼虫长大后再蛀入木质部。幼虫经过滞育过冬，第三年老熟化蛹，羽化为成虫。

　　防治方法：①捕杀成虫。6—7月成虫出现期，在闷热的晴天利用午间成虫静息枝条的习性，振落捕捉成虫，也可用糖醋诱杀成虫。②钩杀幼虫。检查枝干，发现有新鲜虫粪及时用铁丝钩杀虫孔内的幼虫。③清除枯枝。及时清除被害死枝和死树，集中销毁。④涂白。成虫产卵前枝干涂白，可减少成虫产卵，具体参考"星天牛"。⑤药剂防治。发现树干基部有新鲜虫粪时用粗铁丝将虫道内虫粪清除后，用脱脂棉球蘸80%敌敌畏乳油10～20倍液塞入排粪孔内，然后用湿泥土封堵，以毒杀幼虫；或用注射器注入80%敌敌畏乳油5倍液，再用黄泥封住排粪孔，熏杀幼虫。

梨金缘吉丁

　　学名：*Lampra limbata* Gebl.
　　梨金缘吉丁又名金绿吉丁、褐绿吉丁、梨吉丁虫、串皮虫，属鞘翅目吉丁甲科。为害梨、苹果、花红等。
　　为害状：幼虫蛀食枝干树皮和木质部。初孵幼虫先在绿皮层蛀食，随着虫龄增大逐渐深入到形成层串食，蛀成迂回曲折不规则的虫道。被害组织颜色变深，被害处变黑。蛀食的隧道内充满褐色虫粪和木屑，破坏输导组织，造成树势衰弱，后期常造成纵裂伤痕，导致树体干枯死亡。

梨金缘吉丁为害状

形态特征：成虫全体翠绿色，有金属光泽；体扁平，密布刻点。头部颜面有粗刻点，中央具倒丫形隆起。触角黑色，短锯齿状。头部中央有1黑蓝色纵斑，前胸背板密布细刻点，两侧及鞘翅边缘具金黄色微红的纵纹，状似金边，背面具5条蓝黑色纵线纹。小盾片扁梯形。雄虫腹部末端尖削，雌虫腹部末端钝圆。卵椭圆形，初乳白色，后渐变黄褐色。老熟幼虫体长30～60毫米，扁平，由乳白渐变黄白色，无足。头小，暗褐色，前胸显著宽大，背板中部有1个"人"字形凹纹；腹部10节，细长，分节明显。裸蛹，初乳白色，后变紫绿色，有光泽。

梨金缘吉丁成虫 梨金缘吉丁高龄幼虫

发生规律：浙江、江西1年1代，湖北、江苏1～2年1代，北方梨区大多2年完成1代，均以不同龄期幼虫于被害枝的皮层下或木质部蛀道内越冬。在2年发生1代的地区，幼虫当年不化蛹。早春树液流动时，越冬小幼虫继续蛀食为害，以老熟幼虫化蛹。浙江5—6月为成虫羽化盛期，6月上旬为幼虫孵化盛期。

防治方法：①刮皮灭幼，清洁果园，减少虫源。冬、春季刮除梨树老、粗、翘皮，消灭在外皮层为害的低龄幼虫，及时清理园间被害死树、死枝，减少虫源。②振树捕虫。成虫发生期，利用其假死习性，组织人力清晨振树捕杀。③药剂防治。成虫羽化前用药剂封闭枝干。从5月上旬开始，隔10～15天用80%敌敌畏乳油1 000倍液或25%喹硫磷乳油800～1 000倍液喷洒主枝和树干。成虫发生期，树上喷洒80%敌敌畏乳剂800倍液，或90%敌百虫800～1 000倍液，共2～3次。7—8月幼虫被害处凹陷变黑，可用80%敌敌畏乳油20倍液或25%喹硫磷乳油50倍液涂刷于虫道上，杀死低龄幼虫。

六星吉丁虫

学名：*Chrysobothris succedanea* Saunders

六星吉丁虫又名柑橘大爆皮虫，属鞘翅目吉丁虫科。

为害状：以幼虫蛀食梨树枝干的皮层及木质部，使树势衰弱，枝条枯死。幼虫在韧皮部内蛀食，虫道弯曲且充满褐色虫粪和蛀屑，虫粪不外排。在木质部蛀蛹室化蛹。在孔道底部啮成云纹状细纹，羽化时常啮破树皮成扁圆孔。成虫白天栖息于枝叶间，可取食叶片成缺刻，有坠地假死性。

六星吉丁虫幼虫为害状

六星吉丁虫虫道

形态特征：成虫体长 10～13毫米，蓝黑色，有光泽。腹面中间亮绿色，两边古铜色。触角锯齿状，两鞘翅上各有 3 个稍下陷的青色小圆斑，常排成整齐的 1列。卵扁圆形，初为乳白色，后为橙黄色。老熟幼虫体长 15～26毫米，黄白色，头黑色，前胸背板特大，较扁平，有圆形硬褐斑，

六星吉丁虫幼虫

中央有 V 形花纹，其余各节圆球形，念珠状，从头到尾逐节变细。尾部一段常向头部弯曲，为鱼钩状。尾节圆锥形，短小，末端无钳状物。蛹为裸蛹。

发生规律：1年发生1代，在10月前后以老熟幼虫在木质部内作蛹室越冬。成虫发生期在5—7月，6月为出洞高峰期。6月下旬至7月上旬为产卵盛期。

防治方法：参考"梨金缘吉丁"。

梨瘿华蛾

学名：*Sinitinea pyrigalla* Yang

梨瘿华蛾俗称梨瘤蛾、梨枝瘿蛾，属鳞翅目华蛾科。只为害梨。

为害状：以幼虫蛀入当年生枝条木质部内，被害枝形成小瘤，幼虫居于其中咬食。初孵幼虫极活泼，爬到新梢上蛀食木质部。受害新梢在蛀孔附近的1片叶变黄，不久即脱落，以后被害部逐渐膨大，形成虫瘿。虫口密度大时，新梢虫瘿几个连接成串，形如"糖葫芦"。

梨瘿华蛾虫瘿　　　　　　　梨瘿华蛾虫瘿多个连接成串

形态特征：成虫全身灰褐色，下唇须很长，似镰刀状。前翅近基部引出2条黑褐色条纹，至中部折向顶角，在外缘中部和臀角处各有1丛深褐色

梨瘿华蛾成虫（王洪平提供）

梨瘿华蛾虫道中的幼虫（王洪平提供）

梨瘿华蛾幼虫

梨瘿华蛾蛹壳

梨瘿华蛾虫瘿剖面

梨瘿华蛾为害产生的虫道

鳞片突起，似两块黑斑。后翅灰褐色，前、后翅缘毛很长，灰色。卵圆柱形，初产时橙黄色，近孵化时棕黑色，表面有纵纹。老熟幼虫体长7～8毫米，头小，浅红褐色，胸、腹部肥大，乳白色；前胸盾板、胸足和腹部第七、八节背面后缘以及第九节臀板均为灰黑色；全身有黄白色细毛。蛹褐色，触角和翅长达腹部末端，腹末下面有2个向前弯曲的钩状刺突。

发生规律：1年发生1代，以蛹在被害枝条虫瘿内越冬。第二年梨树花芽膨大期，成虫开始羽化，成虫发生期河北中南部梨区在3月上中旬，河北北部梨区在4月上中旬，辽西梨区在4月上旬至下旬。当梨树新梢长出后，幼虫开始孵化，盛期在4月中旬末至下旬。

防治方法：①剪除虫瘿。结合梨树冬剪，彻底剪掉虫瘿，主要剪除一年生枝条上的虫瘿，集中销毁。②药剂防治。成虫发生盛期即花芽萌动期喷药防治，药剂可用2.5%溴氰菊酯乳油1 500～2 000倍液；幼虫孵化盛期可喷50%辛硫磷乳油1 000倍液，或1.8%阿维菌素乳油3 000～5 000倍液，也可在梨云翅斑螟、梨叶斑蛾、梨二叉蚜等害虫防治时结合进行防治。

梨茎蜂

学名：*Janus piri* Okanoto et Muramatsu

梨茎蜂又名梨梢茎蜂、梨茎锯蜂，俗称折梢虫、切芽虫、剪头虫，属膜翅目茎蜂科。是为害梨树新梢的主要害虫。

为害状：在新梢长至6～7厘米时，成虫用锯状产卵器将嫩梢4～5片叶处锯伤，再将伤口下方3～4片叶切去，仅留叶柄。新梢被锯后萎缩下垂，干枯脱落。幼虫在残留嫩茎髓部内蛀食，虫粪填塞体后的虫道，受害嫩茎日久成黑褐色半截枝，脆而易折。

梨茎蜂成虫为害新梢

梨茎蜂成虫为害造成的虫痕

梨茎蜂为害造成断梢

梨茎蜂为害状

形态特征：成虫体黑色，有光泽。触角丝状，黑色。除口器、前胸背板后缘两侧、中胸侧板、后胸两侧及后胸背板的后端为黄色外，其余身体各部为黑色。翅透明，翅脉黑褐色。雌虫产卵器锯状。卵长椭圆形，白色，半透明，略弯曲。幼虫头部淡褐色，胸、腹部黄白色，体稍扁平，头胸下弯，尾端上翘，胸足退化，无腹足。蛹初为乳白色，近羽化前为黑色。茧棕黑色，膜状。

梨茎蜂幼虫及为害状

梨茎蜂卵

梨茎蜂幼虫

发生规律：1年发生1代，多以老熟幼虫在被害枝内越冬。河北中部3月下旬为化蛹盛期，翌年3—4月梨树抽生新梢时成虫羽化，5月新梢大量抽出时，为产卵盛期。辽宁西部幼虫4月间化蛹，5月上中旬为成虫发生期。浙江梨区3月底至4月初成虫由被害枝内飞出，4月上旬产卵，5月上旬孵化，6月下旬蛀入老枝。

防治方法：①剪除枯枝，刺杀灭虫。结合冬季修剪，剪除被害枯枝。用铁丝刺入二年生被害枝内，杀死越冬幼虫和蛹。②剪除虫、卵枝。在开花后的半个月内，经常检查梨园，及时剪去带有虫、卵的萎缩枝梢，集中销毁或深埋。③捕杀成虫。梨树落花期，成虫喜聚集，易于发现，早晚气温较低，成虫不善于活动，群集于树冠下部叶片背面，摇动树枝，振落成虫，进行捕杀。④悬挂粘虫板。在梨树初花期，每667米²悬挂黄色双面粘虫板12块，均匀悬挂于1.5～2米高的二至三年生枝条上，引诱成虫使其被粘住致死。⑤药剂防治。在发生量大、为害严重的年份或果园，成虫发生期（梨树新梢长至5～6厘米）及时喷洒杀虫剂。药剂可用2.5%氯氟氰菊酯乳油1 500～2 000倍液，或1.8%阿维菌素乳油3 000～5 000倍液。喷药要均匀、细致、全面，保证树冠内外、叶片正反面均要喷到。

长白蚧

学名：*Lopholeucaspis japonica* (Cockerell)

长白蚧又名梨长白介壳虫、茶虱子等，属半翅目盾蚧科。为害苹果、梨、李、梅、柑橘、柿、枇杷、山楂、无花果等。

为害状：以若虫、雌成虫刺吸梨树干和叶片汁液，致使树势衰弱，叶片瘦小、稀少，梨园未老先衰。还可在短期内形成紧密的群落，布满枝干或叶片，造成严重落叶，连续受害2～3年，枝条枯死，是梨树上的毁灭性害虫。

长白蚧为害叶片

长白蚧为害主茎 长白蚧为害枝 长白蚧为害主干

形态特征：雌成蚧介壳长纺锤形，灰白色，前端附着一个若虫蜕皮壳，呈褐色卵形小点。雌成虫体长梨形，浅黄色，无翅。雄成虫浅紫色，头部色较深，有1对翅，白色半透明，触角丝状。卵椭圆形，浅紫色。若虫初孵时淡紫色，椭圆形。

发生规律：浙江1年发生3代，以末龄雌若虫和雄虫前蛹在枝干上越冬。3月下旬至4月中旬为羽化盛期，4月下旬为产卵盛期。各代若虫孵化盛期主要在5月中下旬、7月中下旬和9月中旬至10月上旬。第一、二代若虫孵化比较整齐，而第三代孵化期持续时间长。一般苗木和二至三年生枝受害最多，若虫在二龄以后分泌蜡质，抗药力增强。

防治方法：①检疫。加强对苗木的检疫，防止有蚧苗木传入新区。②冬季清园。结合修剪剪去虫枝，集中销毁，并用松脂合剂8～10倍液或用20%松脂酸铜100～160倍液涂抹。③春季清园。在春季发芽前（休眠期），越冬雌虫还未产卵时，喷5%矿物油乳剂或3～4波美度石硫合剂，或95%机油乳剂200倍液。④喷药防治。抓住一代若虫盛孵期及时喷药。药剂可选用22.4%螺虫乙酯悬浮剂4 000～5 000倍液，或99%机油乳油200倍液（避免在35℃以上时使用，夏季宜在傍晚喷药），或10%吡虫啉可湿性粉剂2 000倍液，或25%噻嗪酮可湿性粉剂1 000～1 500倍液，或28%阿维·螺虫乙酯悬浮剂3 500～4 000倍液，或33%螺虫·噻嗪酮悬浮剂2 500倍液，或22%氟啶虫胺腈悬浮剂4 000～5 000倍液。间隔15～20天喷1次，连喷2～3次。喷药要均匀、周到。

梨枝圆盾蚧

学名：*Diaspidiotus perniciosus* (Comstock)

梨枝圆盾蚧又名梨圆蚧、轮心介壳虫，属半翅目盾蚧科。是重要的国际植物检疫对象之一。主要为害梨、苹果、桃、李、杏、枣、柿、核桃、山楂等多种果树。

为害状：以雌成虫、若虫刺吸枝干、叶、果实汁液，枝梢被害处呈红色圆斑，皮层木栓化，后常引起皮层爆裂，严重时常引起早期落叶，甚至枝梢干枯或整株死亡。果实上多集中于萼洼和梗洼处，受害部围绕介壳形成紫红色圆圈，虫体密布梨果后，果小，青硬，甚至龟裂。

形态特征：雌成虫体扁圆形，黄色。身体背面覆盖近圆形灰色或灰褐色的介壳，表面有轮

梨枝圆盾蚧为害茎

状纹，中央隆起，称为壳点；壳点脐状，黄色或黄褐色。雄成虫头胸部橘红色，复眼暗紫红色，触角念珠状，前翅乳白色，半透明，后翅退化为平衡棒，腹部橙黄色。雄虫介壳长椭圆形，灰白色，壳点偏向一端。初龄若虫扁椭圆形，淡黄色。足3对，发达，尾端有2根长毛。仅雄虫有裸蛹，化蛹于介壳下，蛹圆锥形，淡黄略带紫色。

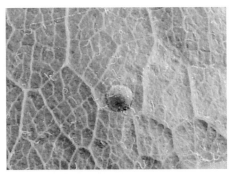

梨枝圆盾蚧雌成蚧

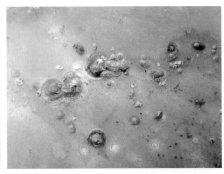

梨枝圆盾蚧体背覆盖近圆形介壳

发生规律：南方1年发生4～5代，北方2～3代，浙江3～4代，均以二龄若虫附着在枝条上越冬。翌年梨芽萌动时开始继续为害。浙江第一、二、三代若虫发生期分别在4月下至5月上中旬、6月下旬至7月下旬、8月中下旬至10月上旬。

防治方法：参考"长白蚧"。

朝鲜球坚蚧

学名：*Didesmococcus koreanus* Borchsenius

朝鲜球坚蚧属半翅目蚧科。主要为害苹果、梨、桃、李、樱桃、山楂、海棠、三角枫、垂丝海棠、红叶李、杜鹃、樱花、梅花、滇杨、杏等。

为害状：若虫和雌成虫刺吸枝、叶的汁液，排泄蜜露常诱致煤烟病发生，影响光合作用，削弱树势，重者致树体枯死。

形态特征：成虫雌体近球形，前、侧面上部凹入，后面近垂直。初期介壳软黄褐色，后期硬化为红褐至黑褐色，表面有极薄的蜡粉，背中线两侧各具1纵列不甚规则的小凹点，壳边平削与枝接触处有白蜡粉。雄虫头胸赤褐，腹部淡黄褐色。触角丝状10节。前翅发达，白色半透明，后翅特化为平衡棒。卵椭圆形，附有白蜡粉，初白色渐变粉红。初孵若虫长椭圆形，扁平，

朝鲜球坚蚧二龄介壳群（王洪平提供）

朝鲜球坚蚧雌雄交尾（王洪平提供）

朝鲜球坚蚧雌介壳侧面观（王洪平提供）

淡褐至粉红色被白粉；眼红色；体背面可见10节，腹面13节，腹末有2个小突起，各生1根长毛。越冬后雌雄分化，雌体卵圆形，背面隆起呈半球形，淡黄褐色有数条紫黑横纹。雄虫瘦小椭圆形，背稍隆起。仅雄蚧有蛹，赤褐色。

发生规律：1年发生1代，以二龄若虫在枝上越冬，外覆有蜡被。4月中旬开始羽化交配，5月中旬前后为产卵盛期，5月下旬至6月上旬为孵化盛期。初孵若虫分散到枝、叶背为害，落叶前叶上的虫转回枝上，以叶痕和缝隙处居多，越冬前蜕1次皮，10月中旬后以二龄若虫于蜡被下越冬。全年4月下旬至5月上旬为害最盛。

防治方法：①健康栽培，增强树势。加强综合管理，使通风透光良好，增强树势提高抗虫能力。②剪除虫枝。剪除介壳虫发生严重枝，放在空地上待天敌飞出后再行销毁。③刷除。刷除枝干上密集的蚧虫。④保护引放天敌。主要天敌是黑缘红瓢虫和寄生蜂。⑤药剂防治。芽膨大时喷洒5波美度硫合剂或45%晶体石硫合剂300倍液，或含油量4%～5%的矿物油乳剂，只要喷洒周到，效果极佳。若虫孵化期防治最佳，药剂可参考"长白蚧"。

草履蚧

学名：*Drosicha corpulenta* (Kuwana)

草履蚧又名日本履绵蚧、草鞋蚧，属半翅目珠蚧科。为害柚、柑橘、金橘、柿、梨、石榴等。

为害状：若虫和雌成虫常成堆聚集在芽腋、嫩芽、嫩梢、叶片和枝干上，吮吸汁液，致芽枯萎，造成植株生长不良，树势衰弱，枯梢，早期落叶甚至死亡。

形态特征：雄成虫体长5～6毫米，有翅，淡黑色。头部及胸部黑色，腹部紫红色，翅淡黑色，翅上有两条白色条纹。雌成虫体长10～12毫米，体扁，椭圆形，

草履蚧雄成虫及雌成虫（王山宁提供）

似草鞋状。体背淡灰紫色，有薄层，呈白粉状蜡质分泌物，腹面橘黄色，无翅。卵黄色，椭圆形，包在白色绵状的卵囊内。若虫体形与雌成虫相似，个体较小，色较深。裸蛹，圆筒形。

发生规律：1年发生1代。以卵在土中越夏和越冬。翌年1月下旬至2月上旬，在土中开始孵化，天气晴暖，出土个体明显增多。若虫出土后沿茎秆上爬至梢部、芽腋或初展新叶的叶腋刺吸为害。雄性若虫4月下旬化蛹，5月上旬羽化为雄成虫。雌性若虫3次蜕皮后即变为雌成虫，自茎秆顶部继续下爬，经交配后潜入土中产卵。卵由白色蜡丝包裹成卵囊，每囊有卵100多粒。

防治方法：①阻隔法。在害虫上树之前，先将树干基部死皮裂缝用刀刮平，注意勿伤及内皮层，用光滑塑料薄膜围绕树干基部一圈（宽胶带绕贴也可），带宽（高度）40～60厘米，两头用胶带或细铁丝或细绳扎紧，不得有缝隙。如能在塑料带两侧边上涂一层含农药的"粘虫胶"则更好。②喷洒农药。4月下旬到5月上旬，在若虫蜕皮时和上树初期，全株喷洒农药2～3次，所用药剂可参考"长白蚧"。

豹纹木蠹蛾

学名：*Zeuzera coffeae* (Nietner)

豹纹木蠹蛾又名咖啡木蠹蛾、咖啡豹蠹蛾、六星黑点蠹蛾，属鳞翅目豹蠹蛾科。为害柑橘、荔枝、龙眼、梨、柿、枇杷、桃、葡萄、枣等。

为害状：以幼虫蛀食树枝干木质部，隔一定距离向外咬1排粪孔，多沿髓部向上蛀食，造成折枝或枯萎。

形态特征：成虫体被灰白色鳞毛，胸部背面有3对青蓝色点纹。翅灰

豹纹木蠹蛾成虫

豹纹木蠹蛾高龄幼虫

白色，前翅散生蓝黑色斑点，后翅有1青蓝色条纹。卵椭圆形，两端钝圆，黄白色，孵化前为紫黑色。初孵幼虫为紫红色，成长后变为暗紫红色，全体被稀疏白色细毛，头胸深褐，腹面黄白色，前胸背板黄褐色。蛹赤褐色，腹末有6对短臀刺。

发生规律：上海、长江流域1年发生1代，均以幼虫在梨树等多种树木茎干蛀道内缀合虫粪木屑封闭两端静伏越冬，4月中旬至5月下旬化蛹，5月上旬至6月中旬羽化。幼虫有转梢为害的习性，经多次转移，可为害二至三年生枝条。

防治方法：①剪除被害枝。及时剪除受害枝，集中销毁或深埋。②灯光诱杀。成虫盛发期用黑光灯或频振式杀虫灯进行诱捕。③药剂防治。在卵孵化盛期，初孵幼虫未钻入枝梢前，喷2.5%氯氟氰菊酯乳油3 000倍液，或2.5%联苯菊酯乳油1 500倍液，或用80%敌敌畏乳油20～50倍液灌注蛀道，灌注后堵塞排粪孔，灭杀幼虫。

芳香木蠹蛾

学名：*Cossus cossus* Gaede

芳香木蠹蛾又名杨木蠹蛾，属鳞翅目木蠹蛾科。主要为害梨、苹果、核桃、杨、柳、榆、槐、栎等。

为害状：幼虫孵化后，蛀入皮下取食韧皮部和形成层，再蛀入木质部，

芳香木蠹蛾幼虫为害状及虫道（王洪平提供）

芳香木蠹蛾为害茎干
（王洪平提供）

向上、下穿凿不规则虫道，被害处可有十几条幼虫，蛀孔堆有虫粪，受害重者可导致死亡。

形态特征：成虫体灰褐色，腹背略暗。触角扁线状，前翅翅面布满呈龟裂状的黑色横纹。卵近圆形，初产时白色，孵化前暗褐色，卵表有纵行隆脊，脊间具横行刻纹。初孵幼虫粉红色，大龄幼虫体背紫红色，侧面黄红色，头部黑色，有光泽，前胸背板淡黄色，有2块黑斑，体粗壮，有胸足和腹足，腹足有趾钩，体表刚毛稀而粗短。蛹赤褐色。

芳香木蠹蛾卵（王洪平提供）

芳香木蠹蛾幼虫（王洪平提供）

发生规律：2～3年发生1代，以幼龄幼虫在树干内及末龄幼虫在附近土壤内结茧越冬。5—7月发生，产卵于树皮缝或伤口内，每处产卵十几粒。幼虫孵化后，蛀入皮下取食韧皮部和形成层，再蛀入木质部，向上、下穿凿不规则虫道，被害处

芳香木蠹蛾蛹（王洪平提供）

可有十几条幼虫，蛀孔堆有虫粪，幼虫受惊后能分泌一种特异香味。

防治方法：参考"豹纹木蠹蛾"。

柳蝙蝠蛾

学名：*Phassus excrescens* Butler

柳蝙蝠蛾又名东方蝙蝠蛾，属鳞翅目蝙蝠蛾科。为害梨、山楂、银杏、北五味子等多种果树、林木及药用植物。

为害状：以幼虫蛀害枝、干，蛀道口常呈凹陷环形，并由丝网粘满木屑形成木屑包。

形态特征：成虫体粉褐色至茶褐色。前翅前缘有环状斑纹，中央有1个深色稍呈绿色的角形斑纹，斑纹外缘有2条宽的褐色斜带。卵黑色。幼虫头深褐色，胸、腹部污白色，圆筒形，体具黄褐色瘤突。

柳蝙蝠蛾成虫（王洪平提供）　　　柳蝙蝠蛾幼虫及为害状（王洪平提供）

发生规律：在辽宁大多1年1代，以卵在地面越冬，或以幼虫在茎基部越冬。翌春5月中旬开始孵化。6月上旬转向果树茎中食害。8月上旬开始化蛹，8月下旬羽化为成虫。羽化盛期为9月中旬。

防治方法：参考"豹纹木蠹蛾"。

蚱蝉

学名：*Cryptotympana atrata* (Labricius)

蚱蝉又名知了，属半翅目蝉科。食性杂，寄主植物多，分布很广。

为害状：主要是成虫产卵为害当年生枝条，造成大量爪状"卵窝"，致使被害枝梢失水枯死。夏、秋季这种为害状在树上特别明显。

形态特征：成虫黑色或黑褐色，有光泽，被金色细毛。雌虫复眼淡黄色，中胸背板有2个淡赤褐色锥形斑。触角短，刚毛状。中胸发达，背面宽大，中央高，并有×形突起。雄虫腹部一、二节有鸣器，膜状透明。翅透明，基部1/3

蚱蝉正在产卵

为黑色。卵细长，乳白色，两端渐尖，腹面稍弯曲。末龄若虫黄褐色，前足发达，复眼突出。成虫每年5月下旬至8月出现，雌虫于6—8月产卵在枝梢的木质部内。

发生规律：完成1个世代需12～13年，除第一年以卵在被害枝条内越冬外，其他年份均以若虫在土壤中越冬。每年6月中下旬若虫在落日后出土，爬到树干或树干基部的树枝上蜕皮，羽化为成虫。若虫共蜕5次皮变为成虫。7月成虫开始产卵，8月为盛期。

防治方法：①剪除产卵枯枝。结合整形修剪，及时剪除产卵枯枝集中销毁。②光诱杀成虫。根据蚱蝉成虫趋光特性，在每年6—7月成虫出现时夜间用火把或灯光诱捕成虫。③翻土除虫。每年春在蚱蝉羽化前松土，翻出蛹室清除若虫。④结合中耕，药剂防治。在5月底至6月初，利用蚱蝉羽化

蚱蝉产卵枝

蚱蝉成虫产卵为害的新梢

蚱蝉产卵痕

蚱蝉产卵后枝上部枯死

蚱蝉卵　　　　　　　　　　　蚱蝉壳（蝉蜕）

高峰期进行果园中耕除草，同时在树下撒施1.5%辛硫磷颗粒剂每667米²7千克，或地面喷施50%辛硫磷乳油800倍液，或50%啶虫脒水分散粒剂3 000倍液+5.7%甲维盐乳油2 000倍液。

蟪蛄

学名：*Platypleura kaempferi* Fabricius

蟪蛄又名斑蝉、褐斑蝉，属半翅目蝉科。为害梨、苹果、桃、杏、山楂等果树。

为害状：以成虫产卵于枝条上，造成当年生枝条枯死。

形态特征：成虫头、胸部暗绿色至暗黄褐色，具黑色斑纹；腹部黑色，每节后缘暗绿或暗褐色；复眼大，头部3个单眼红色，呈三角形排列；触角刚毛状；前胸宽于头部，近前缘两侧突出，翅透明暗褐色，前翅有不同浓淡暗褐色云状斑纹，斑纹不透明，后翅黄褐色。卵梭形，乳白色渐变黄，头端比尾端略尖。若虫体长约22毫米，黄褐色，有翅芽，形似成虫，腹背微绿，前足腿、胫节发达有齿，为开掘足。

发生规律：约数年发生1代，以若虫

蟪蛄成虫

在土中越冬，每年5月至6月中下旬若虫在落日后出土，爬到树干或树干基部的树枝上蜕皮，羽化为成虫。刚蜕皮的成虫为黄白色，经数小时后变为黑绿色，成虫有趋光性。6—7月成虫产卵，产卵枝因伤口失水而枯死。

防治方法：参照"蚱蝉"。

八点广翅蜡蝉

学名：*Ricania spechlum* Walker

八点广翅蜡蝉属半翅目广翅蜡蝉科。为害苹果、梨、桃、李、杏、梅、枣、栗、山楂、柑橘等。

为害状：成、若虫喜于嫩枝和芽、叶上刺吸汁液，产卵于当年生枝条内，影响枝条生长，重者产卵部以上枯死，削弱树势。

八点广翅蜡蝉产卵枝　　　八点广翅蜡蝉若虫群集　　　梨果上的八点广翅蜡蝉若虫

形态特征：成虫体黑褐色，疏被白蜡粉，翅革质密布纵横脉呈网状，前翅宽大，略呈三角形，翅面被稀薄白蜡粉；翅上有6～7个白色透明斑。若虫体略呈钝菱形，翅芽处最宽，暗黄褐色，布有深浅不同的斑纹，体疏被白蜡粉，腹部末端有4束白色绵毛状蜡丝，呈扇状伸出，蜡丝覆于体背以保护身体，常可作孔雀开屏状，向上直立或伸向后方。

发生规律：1年发生1代，以卵产于枝条内越冬。山西5月陆续孵化，浙江5月中下旬至6月上中旬孵化，为害至7月下旬开始老熟羽化，7—8月产卵于嫩梢上越冬，产卵孔排成2整齐的纵列，孔外带出部分木丝并覆有白色绵毛状蜡丝。

防治方法：①合理修剪。防止枝叶过密荫蔽，以利通风透光。冬季结合修剪，剪除产卵枝，集中处理。②人工捕杀。在雨后或露水未干前，用竹帚扫落成虫、若虫，随即踏杀。③药剂防治。发生量较大的果园，若虫发生期可喷洒5%啶虫脒乳油2 000～2 500倍液，或50%敌敌畏乳油1 000倍液，或20%吡虫啉可溶液剂5 000倍液，或2.5%溴氰菊酯乳油2 500～3 000倍液。若虫被有蜡粉，药液中加入0.3%柴油乳剂或0.2%洗衣粉，可显著提高防效。

八点广翅蜡蝉成虫

八点广翅蜡蝉卵块

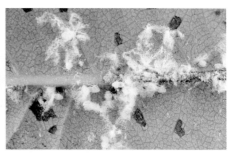

八点广翅蜡蝉初孵若虫

八点广翅蜡蝉若虫

柿广翅蜡蝉

学名：*Ricania sublimbata* Jacobi

柿广翅蜡蝉属半翅目广翅蜡蝉科。主要为害柚、柑橘、金橘、柿、梨、石榴、桂花、刺槐等。

为害状：以产卵器刺破枝条的"外皮和组织"留下深深的印痕，从而截断枝条的水分和营养物质输送，导致枝梢渐渐枯萎，成虫刺吸植物汁液，受害叶片萎缩脱落，枝梢生长停滞直至枯死。

形态特征：成虫头、胸黑褐色，腹部黄褐至深褐色。前翅深褐色，前缘外方1/3处稍凹入，并有一个半圆形淡黄褐色斑；后翅暗黑褐色，半透明。翅面散生绿色蜡粉。卵长椭圆形，初产时乳白色。若虫黄褐色，钝菱形，翅芽处宽，体被白色蜡质，腹部末端有10条白色绵毛状蜡丝，呈扇状伸出。

柿广翅蜡蝉成虫

柿广翅蜡蝉若虫

柿广翅蜡蝉若虫

发生规律：1年发生2代，成虫白天活动，善跳、飞行迅速；成虫交配后产卵。一代发生期为上年9月上旬至当年7月中旬；二代为6月上旬至11月下旬。为害盛期一般在5月下旬至6月下旬及7月上旬至9月中旬。

防治方法：参照"八点广翅蜡蝉"。

斑衣蜡蝉

学名：*Lycorma delicatula* (White)

斑衣蜡蝉属半翅目蜡蝉科。为害葡萄、山楂、苹果、柑橘、桃、梨、杏等。

为害状：以若虫和成虫刺吸嫩叶、枝梢汁液，造成嫩叶穿孔，树皮破裂，诱发煤烟病。

形态特征：成虫体灰黄相间，被有较薄白色蜡粉；腹部背面各体节有黑斑。前翅基部2/3处呈淡灰褐色，散有20余个黑色小点，端部1/3呈烟黑色。脉纹灰褐，后翅基部至后角鲜红色，中间有白色横带，端部1/3处黑色。初龄若虫黑色，有白点，末龄时体红色，布有黑斑。

发生规律：1年发生1代，以卵越冬。山东5月上中旬孵化为若虫，成虫于6月下旬出现，成虫若虫都有群集性，弹跳力很强。

防治方法：参照"八点广翅蜡蝉"。

斑衣蜡蝉成虫

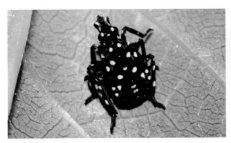

斑衣蜡蝉低龄若虫（王山宁提供）

斑衣蜡蝉高龄若虫（王山宁提供）

碧蛾蜡蝉

学名：*Geisha distinctissima* (Walker)

碧蛾蜡蝉又名绿蛾蜡蝉、黄翅羽衣、橘白蜡虫、碧蜡蝉，属半翅目蛾蜡蝉科。为害茶树、油茶、柑橘、柿、桃、李、杏、苹果、梨、葡萄、杨梅、桑等。

为害状：以成虫产卵为害枝条，严重时枝、茎、叶上布满白色蜡质，致使树势锐减。

碧蛾蜡蝉产卵枝

碧蛾蜡蝉若虫分泌物

碧蛾蜡蝉成虫

碧蛾蜡蝉若虫

碧蛾蜡蝉成虫中胸

形态特征：成虫黄绿色，顶短，向前略突，侧缘脊状，褐色；有中脊；复眼黑褐色，单眼黄色。前胸背板短，前缘中部呈弧形前突达复眼前沿，后缘弧形凹入，背板上有2条褐色纵带；中胸背板长，上有3条平行纵脊及2条淡褐色纵带。腹部浅黄褐色，覆白粉。前翅宽阔，外缘平直，翅脉黄色，脉纹密布似网状，红色细纹绕过顶角经外缘伸至后缘爪片末端。后翅灰白色，翅脉淡黄褐色。若虫体扁平，长形，腹末截形，绿色，被白蜡粉，腹末附白色长的绵状蜡丝。

发生规律：在广西1年发生2代，以卵越冬，也有的以成虫越冬。第一代成虫6—7月发生，第二代成虫10月下旬至11月发生，一般若虫发生期为3—11月。

防治方法：参照"八点广翅蜡蝉"。

大青叶蝉

学名：*Tettigella viridis* (Linnaeus)

大青叶蝉俗称大绿浮尘子、青跳蝉，属半翅目叶蝉科。为害梨、苹果、桃、核桃、枣、柿等多种果树及多种蔬菜和林木。

为害状：成虫和若虫刺吸枝、叶的汁液，雌成虫还以产卵器划破果树枝干皮层，并将卵产于其中，外观形成半月形伤口。受害严重时，被害枝条伤口密布，致使枝条干枯。幼树被害则冬季易受冻害。是苗木和幼树的重要害虫。

形态特征：成虫头部正面淡褐色，两颊微青，在颊区近唇基缝处左右各有1小黑斑；触角窝上方、两单眼之间有1对黑斑。复眼绿色。前胸背板淡黄绿色，后半部深青绿色。小盾片淡黄绿色，中间横刻痕较短，不伸达边缘。前翅绿色带有青蓝色泽，前缘淡白，端部透明，翅脉为青黄色，具有狭窄的淡黑色边缘。后翅烟黑色，半透明。腹部背面蓝黑色，两侧及末节淡橙黄带有烟黑色，胸、腹部腹面及足为橙黄色。卵为白色微黄，长圆形，中间微弯，一端稍细，表面光滑。若虫初孵化时为白色，微带黄绿，头大腹小，2～6小时后，体色渐变淡黄、浅灰或灰黑色，三龄后出现翅芽。老熟若虫头冠部有2个黑斑，胸背及两侧有4条褐色纵纹直达腹端。

大青叶蝉成虫背面观　　　　　　　　大青叶蝉成虫侧面观

发生规律：北方梨区1年发生3代，以卵在果树枝条和苗木的表皮下越冬。翌年4月上中旬孵化，若虫迁到附近的杂草和蔬菜上为害，第一代成虫出现于5—6月，第二代成虫7—8月，9—11月出现第三代成虫。

防治方法：①幼树涂白。10月上中旬成虫产卵前，幼树枝干涂刷白色涂剂（成分为石灰，也可加适量硫黄），阻止其产卵。②灯光诱杀。成虫发生期设置黑光灯诱杀。③药剂防治。发生量较大的果园，可用药防治，药剂种类参照"八点广翅蜡蝉"。

黑翅土白蚁

学名：*Odontotermes formosanus* (Shiraki)

黑翅土白蚁属等翅目白蚁科。为害梨、桃、茶、柑橘等。

为害状：取食根颈和树干的木质部，修筑孔道，使树体严重受伤，阻碍水分和营养物质输送，致使树势衰弱或死亡，老树受害尤为严重。

形态特征：兵蚁头部暗黄色，腹部淡黄色至灰白色。头部背面观为卵形。上颚镰刀状，上颚中部前方有1明显的刺，刺尖向前。触角15～17节，前胸背板前部窄，斜翘起，后部较宽，前缘及后缘中央有凹刻。工蚁头部黄色，近圆形。胸、腹部灰白色。头顶中央有一圆形下凹的肉。后唇基显著隆起，中央有缝。

黑翅土白蚁为害状

发生规律：有翅成蚁每年3月开始出现在巢内，4—6月出现羽化孔，在闷热天气或雨前的傍晚7时左右，爬出羽化孔穴，群飞，停下后即脱翅求偶。兵蚁专门保卫蚁巢，工蚁担负筑巢、采食和抚育幼蚁等。黑翅土白蚁具有群栖性，无翅蚁有避光性。

黑翅土白蚁成虫

黑翅土白蚁若虫

防治方法：①穴诱灭虫。在白蚁为害区域，挖深10厘米、直径50厘米的浅穴，用嫩草覆盖，每隔2～3天检查一次，如有白蚁，即用2.5%溴氰菊酯乳油2 000倍液，或10%氯菊酯乳油800倍液喷施。②发现蚁路和分群孔，可选用70%灭蚁灵粉剂喷施，也可将在2.5%溴氰菊酯乳油100～200倍液中浸过的甘蔗粉用薄纸包成小包，放在树基部附近，上盖塑料薄膜，再盖上杂草等物，诱白蚁啃食而中毒致死。③灯光诱杀。在5—6月傍晚悬挂黑光灯诱杀有翅成蚁，尤以闷热天气为佳。

野蛞蝓

学名：*Agriolima agrestis*

野蛞蝓又名鼻涕虫，属软体动物门腹足刚柄眼目蛞蝓科。

为害状：以幼体和成体刮食叶片、枝条和幼果，造成缺刻和虫痕。

形态特征：成体雌雄同体，纺锤形，裸露，无外壳，黑褐色或灰褐色。头前端有2对触角，能收缩，暗黑色。眼长在后触角顶端，黑色。头前方有口，腹足扁平，爬过的地方留有白色光亮痕迹。幼体体形同成虫，稍小。卵椭圆形，透明，卵棱明显，常以数粒或数十粒黏集成堆。

茎干上的野蛞蝓

野蛞蝓为害状

发生规律：以成体或幼体在植物根部土壤中越冬，在南方每年4—6月和9—11月有两个活动高峰期，在北方7—9月为害较重。喜在潮湿、低洼梨园中为害。梅雨季节为害盛期。

防治方法：①健康栽培，增强树势。及时清除梨园杂草，适时中耕，排出积水。②鸡、鸭啄食。在蛞蝓发生期放鸡、鸭啄食。③药剂防治。在蛞蝓大量出现又未交配产卵的4月上中旬和大量上树前的5月中下旬进行，每667米^{2}可用6%四聚乙醛颗粒剂465～665克，或10%多聚乙醛颗粒剂1千克，或5%四聚·杀螺胺颗粒剂500～600克，拌土10～15千克，在晴天傍晚撒施。

野蛞蝓成体

3.果实害虫

梨云翅斑螟

学名：*Nephopteryx pirivorella* Matsumura

梨云翅斑螟又名梨大食心虫、吊死鬼，俗称梨大，属鳞翅目螟蛾科，是为害梨芽、花序和果的重要害虫。

为害状：以幼虫蛀食芽、花、叶和果实。为害时从芽基部蛀入，留有蛀孔，鳞片被虫丝缀连不易脱落。被害芽干瘪、枯死。幼果被蛀，果面留有较大虫孔，孔外堆积虫粪，果内被蛀空。被害果干缩变黑，果柄与枝条有丝缠绕，果实不易脱落。

梨云翅斑螟果面外堆积虫粪

梨云翅斑螟幼虫蛀果

梨云翅斑螟为害的果实吊在枝上

梨云翅斑螟为害的果实干缩

形态特征：成虫体暗灰褐色，前翅具有紫红色光泽，上有两条灰白色弯曲横带，翅中央靠近前缘处有1白色肾状纹。卵椭圆形，稍扁，初产时白色，渐变紫褐色。初孵幼虫头黑色，体稍红，稍大后变紫色，老龄幼虫胸、腹部为暗绿褐色，臀板为深褐色。蛹黄褐色，腹末端臀棘钩状，6根排列一行。

梨云翅斑螟成虫　　　　　　　　梨云翅斑螟高龄幼虫

发生规律：在吉林延吉1年只发生1代，辽宁、河北1～2代，山东、重庆2代，河南开封2～3代，均以幼虫在芽内结茧越冬。出蛰害芽盛期，1代区是花芽萌动至开绽期，1～2代区是花芽开绽至花序伸出期。害果始期都是梨幼果脱萼期。根据梨物候期可以准确预测防治适期。1代区，越冬代在7月中旬至8月中旬发生，盛期为7月下旬至8月上旬；1～2代区，越冬代在6月上旬至7月中旬发生，盛期为6月下旬至7月上旬，第一代在7月中旬至9月中旬发生，盛期为8月上中旬。

防治方法：①剪除虫芽。冬春修剪时，注意剪除虫芽。②摘除虫芽、虫果。花期和幼果期及时摘除被害花序、虫果，并将虫芽、被害花序和虫果集中深埋土中或销毁。5月中旬至6月中旬定期检查果园，随时摘除虫果，集中处理。③药剂防治。梨花芽开绽期（幼虫转芽为害期）、梨幼果萼片脱落期（幼虫害果期）是药剂防治有利时期。当越冬虫芽率达到3%～5%或发现有幼虫害果时，可用2.5%溴氰菊酯乳油、2.5%顺式氟氯氰菊酯乳油2 000倍液，或25%灭幼脲3号悬浮剂2 000～2 500倍液，或5%氟虫脲乳油1 000～1 500倍液防治，间隔10天再喷1次药。

梨小食心虫

学名：*Grapholitha molesta* Busck

梨小食心虫又名梨小果蛀蛾、桃折心虫、东方蛀蛾，俗称梨小，属鳞翅目卷蛾科。是梨树重要蛀果害虫之一。主要为害梨、苹果、桃、杏、樱桃等果树，尤其是桃和梨混栽或毗连的果园发生更加严重。

为害状：被害梨果的梗洼、萼洼和果与果、果与叶相贴处有小蛀入孔，周围微凹陷，不变绿色。最初幼虫在果实浅处为害，孔外排出较细虫粪，周围易变黑。果内虫道直向果心，果肉、种子被害处留有虫粪。果面有较大脱果孔。虫果易腐烂脱落。

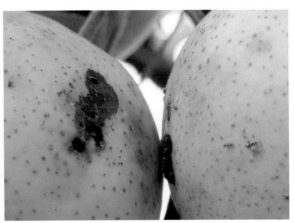

梨小食心虫为害树梢初期状　　梨小食心虫为害果（两果接触处）

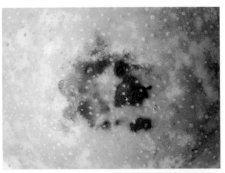

梨小食心虫在树干表皮下化蛹　　梨小食心虫为害果面（周围易变黑）

梨小食心虫为害果排出较细虫粪

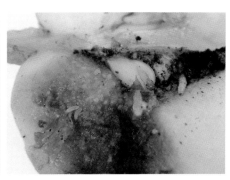
梨小食心虫蛀食果

形态特征：成虫体灰褐色；前翅灰褐色，前缘有7对白色短斜纹，翅外缘有1明显白色斑点；后翅暗褐色，腹部灰褐色。卵椭圆形，扁平，中央隆起，半透明，最初乳白色，渐变成稍带红的黄白色。初孵幼虫体白色，头、前胸背板黑色。老熟幼虫头褐色，前胸背板黄白色，透明，体桃红色。蛹纺锤形，黄褐色，腹部末端有8根钩刺。茧白色，丝质，扁平椭圆形。

发生规律：在河北、辽宁1年发生3～4代，山东、河南、安徽、江苏、浙江、陕西为4～5代，四川为5～6代，江西和广西分别为6代和7代。各地都以老熟幼虫在枝、干、根颈部的粗皮裂缝里及树下落叶、土中结茧越冬。成虫发生期，辽宁梨区，越冬代成虫在4月下旬至6月下旬，第一代在6月中旬至8月上旬，第二代在7月中旬至8月下旬，第三代在8月中旬至9月下旬。浙江4月中旬为越冬代成虫高峰期，5—6月第一、二代幼

梨小食心虫成虫（王山宁提供）

梨小食心虫低龄幼虫

虫为害梨梢和果实，7月中下旬、8月中下旬为第三、四代成虫发生期，主要为害梨果，7—8月是幼虫为害梨果高峰期。一般雨水多、湿度大的年份，发生比较重。

梨小食心虫幼虫   梨小食心虫蛹

防治方法：①健康栽培，减少虫源。新建果园不要多种果树混栽，尤其是桃、梨；结合冬春清园，刮除树上粗裂皮和扫除落叶，集中销毁，消灭虫源。②剪虫梢，摘虫果，灭幼虫。5—6月梨园内和附近栽植的桃、李树，在新梢被

梨小食心虫茧

害期间，要及时剪除虫梢，摘除虫果，杀灭其中幼虫。③驱杀、诱杀成虫，减少卵量。成虫发生和产卵期，喷敌敌畏、联苯菊酯、甲氰菊酯等驱杀，亦可用糖醋液诱蛾或利用梨小食心虫性外激素诱杀成虫，或亩用240毫克/条梨小性迷向素33～43条，距地面1.5～1.8米处挂条，干扰雌雄交配，减少产卵量。④药剂防治。在桃、李树上着重防治一代和二代，在梨树上加强三代以后的防治。当梨小食心虫卵果率达到1%，并发现有幼虫蛀果时，及时进行药剂防治。农药可选用5%氟啶脲、5%氟虫脲乳油、10%溴虫腈悬浮剂1 000～1 500倍液，或2.5%溴氰菊酯乳油2 500～

3 000倍液，或2.5%高效氯氟氰菊酯乳油2 000 ~ 2 500倍液，或25%灭幼脲3号2 000 ~ 2 500倍液。

桃蛀果蛾

学名：*Carposina niponensis* Matsumura

桃蛀果蛾又名桃小食心虫，俗称桃小，属鳞翅目蛀果蛾科。为害苹果、枣、山楂、桃、李、梨、杏、海棠等果树。

为害状：一般在幼虫蛀果后不久，被害果的蛀入孔处流出泪珠状的胶质点，后在蛀入孔处留下一小片白色蜡质膜。虫果果面蛀入孔小，愈合成小圆点，蛀入孔周围凹陷，常带青绿色，果肉内虫道弯曲纵横，果心被蛀空并有大量虫粪，俗称"豆沙馅"。

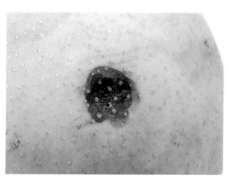

桃蛀果蛾幼虫蛀果（果面蛀入孔小）

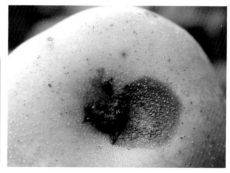

桃蛀果蛾幼虫为害状

桃蛀果蛾幼虫为害果

桃蛀果蛾幼虫蛀入果心，并有大量虫粪

形态特征：成虫灰白至浅灰褐色，复眼红褐色，触角丝状。前翅灰白色，翅面上从基部到中部有7簇蓝褐色斜立鳞片，翅中部近前缘有1蓝黑色三角形大斑，顶角显著，缘毛灰褐色。卵近圆球形，初产时橙红色，渐变成红色，孵化前可见1小黑点。幼龄幼虫体淡黄或白色，老龄幼虫肥胖，桃红色，前胸背板深褐色，腹部色淡，臀板黄褐或粉红色。蛹初为黄白色，渐变灰黑色。茧分两种，冬茧丝质紧密，扁圆形，夏茧丝质疏松，纺锤形，茧外都黏附土沙粒。

发生规律：在单一栽培的老梨区大多1年发生1代，以老熟幼虫在树下土中、梯田壁、堆果场土里作茧越冬。成虫无趋光性和趋化性，有昼伏夜出和世代重叠现象。在辽宁西部梨区，成虫发生期在6月下旬至8月中旬，盛期在7月下旬至8月上旬。幼虫脱果始期在8月下旬，9月上旬至10月上旬为脱果盛期。

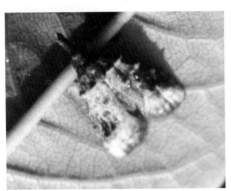

桃蛀果蛾成虫（王洪平提供）

桃蛀果蛾低龄幼虫

桃蛀果蛾幼虫

桃蛀果蛾蛹

防治方法：①摘除虫果，果实套袋。在桃蛀果蛾发生轻微的梨园，于幼虫脱果前及时摘除虫果，每7～10天1次，也可于5月上中旬进行果实套袋。②药剂防治。在树下地面和树上施药是目前防治该虫最有效的方法。在越冬幼虫出土始盛期的6月上中旬，地面开始第一次施药。药剂可选用25%辛硫磷微

桃蛀果蛾茧

胶囊剂300倍液，或每667米²用50%辛硫磷乳油500克与细土15～25千克充分混合，均匀撒施。施药范围要超出树冠半米，施药前锄净树盘内的杂草。当桃蛀果蛾的卵果率达1%～2%时，进行树上药剂防治。在辽西梨区，一般7月下旬至8月下旬是药剂防治适期。药剂可选用35%氯虫苯甲酰胺水分散粒剂7 000～8 000倍液，或12%溴氰·噻虫嗪悬浮剂1 500～2 000倍液，或30%联苯·螺虫酯悬浮剂3 000～4 000倍液，或14%氯虫·高氯氟微囊悬浮剂3 000～5 000倍液，或2.5%联苯菊酯乳油1 000～2 000倍液，或2.5%溴氰菊酯乳油2 500～3 000倍液，或1%甲氨基阿维菌素苯甲酸盐4 000倍液，或1.8%阿维菌素乳油2 000～3 000倍液，或20%甲氰菊酯乳油2 000～2 500倍液。

桃蛀野螟

学名：*Dichocrocis punctiferalis* (Guenée)

桃蛀野螟又名桃蛀螟、桃蠹螟、豹纹斑螟，属鳞翅目螟蛾科。以幼虫为害桃、梨、苹果、杏、李、石榴、葡萄、山楂、板栗、枇杷等果树的果实，是一种多食性害虫。

为害状：幼虫孵出后，多从果实萼洼蛀入，蛀孔外堆集黄褐色透明胶质及虫粪，受害果实常变色脱落。

形态特征：成虫全体黄色，体、翅表面具许多黑斑点似豹纹，胸背有7个；腹背第一和三至六节各有3个横列，第七节有时只有1个，第二、八节无黑点，前翅25～28个，后翅15～16个。雄第九节末端黑色，雌不明显。卵椭圆形，初产时乳白色，后变为红褐色，卵面隆起，表面粗糙，有网状

线纹。幼虫老熟时体背暗红色，头和前胸背板浅黄褐色，头暗褐；前胸盾片褐色，臀板灰褐；各体节毛片明显，灰褐至黑褐色，背面的毛片较大，第一至八腹节气门以上各具6个，成2横列，前4后2。气门椭圆形，围气门片黑褐色，突起。腹足趾钩为不规则的3序环。蛹黄褐色，腹部第五至七节前缘各有1列小刺，腹末有细长的曲钩刺6个。

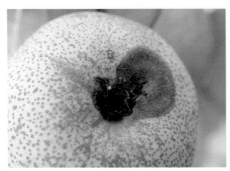

桃蛀野螟为害果实

桃蛀野螟从两果接触处蛀入

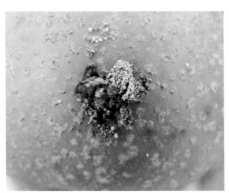

桃蛀野螟幼虫果面排出虫粪

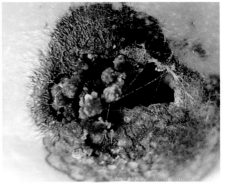

桃蛀野螟幼虫粗大的虫粪

发生规律：辽宁、河北梨区1年发生1代，陕西、山东2～3代，长江流域4～5代，均以老熟幼虫在树枝、干、根颈部粗皮裂缝里和锯口边缘翘皮内结茧越冬。在辽宁梨区翌年5月中下旬开始化蛹，越冬代成虫发生期在6月中下旬，第一代成虫发生期在7月下旬至8月上旬。湖北武昌越冬代、一代、二代、三代、四代成虫发生期分别在4月下旬、6月上中旬、

7月下旬至8月上旬、8月中下旬、9月中下旬。成虫有趋光及趋糖酒醋液习性。

桃蛀野螟成虫

桃蛀野螟幼虫

桃蛀野螟幼虫及为害状

桃蛀野螟蛹背面

桃蛀野螟蛹腹面

　　防治方法：①生态防治，诱杀成虫。冬春季清除玉米、高粱等遗株，集中销毁；结合整枝等农事操作人工消灭卵粒，摘除虫果，还可以利用黑光灯或糖酒醋液诱杀成虫。②果实套袋保护。③药剂防治。抓住第一代幼虫初孵期（5月下旬）及第二代幼虫初孵期（7月中旬）用药。掌握在卵孵盛期至二龄盛期（幼虫尚未蛀入果内）进行防治，可选用5%氟铃脲乳油1 000～2 000倍液，或20%氯虫苯甲酰胺悬浮剂3 000倍液，或2.5%氯氟氰菊酯乳油、2.5%溴氰菊酯乳油、10%联苯菊酯乳油2 000～4 000倍液喷雾。

梨虎象

学名：*Rhynchites coreanus* Kono

梨虎象又名朝鲜梨象虫、梨果象鼻虫、梨实象甲，属鞘翅目象甲科。主要为害梨、苹果、山楂、杏、桃等，为梨树重要害虫之一。

为害状：成虫和幼虫均可为害，成虫取食花丛、嫩芽和嫩枝，咬成大小不等的伤斑。啃食果实造成果面凹陷斑，呈"麻脸状"。并于产卵前咬伤果柄，造成落果。幼虫于果内蛀食果肉，使被害果皱缩干枯或成凹凸不平的畸形果。

梨虎象成虫为害造成的"麻脸果"　　　　梨虎象成虫为害导致的伤斑

梨虎象幼虫为害导致　　　　梨虎象成虫为害果柄
的畸形果

梨虎象成虫为害叶柄

梨虎象成虫为害枝

　　形态特征：成虫全身暗紫铜色。头管较长，雄虫头管向下弯曲，触角着生在头管端部1/3处；雌虫头部较直，触角位于近头管的中部，头部背面密生较明显的刻点。前胸略呈球形，前胸背面有倒"小"字形的凹陷纹。全体密布刻点和细短毛。鞘翅上的刻点较粗大，且规则地排列成9行。卵椭圆形，初乳白色，

梨虎象成虫为害茎

表面平滑，有光泽，后变乳黄色。老熟幼虫体长约12毫米，体短肥，略向腹面弯曲，体表多皱纹，乳白色；头小，缩入前胸内，头部淡褐色。裸蛹，初乳白色，近羽化时黄褐色，体表被短毛。

梨虎象成虫

梨虎象成虫产卵状

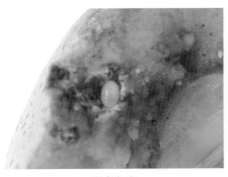

梨虎象卵

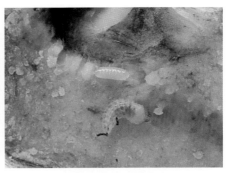

梨虎象高龄、低龄幼虫

发生规律：辽宁西部梨区约半数为1年发生1代，以成虫在树冠下深约6厘米的土内做蛹室越冬，另半数为2年发生1代，先以幼虫在土内越冬，第二年夏秋季羽化为成虫，不出土继续越冬，第三年春季出土。成虫发生期从5月上旬梨树开花时开始至7月下旬结束，盛期在5月末至6月上旬。在南方1

梨虎象老熟幼虫

年发生1代，以成虫在树冠下附近土内越冬，浙江梨区成虫从4月上中旬开始出土活动，取食梨芽和嫩梢，待梨果稍大时先在树冠中、下部食害幼果，逐渐向树冠上部为害，梨树开花时开始出现至7月下旬结束，盛期在5月下旬至6月中旬。以山地梨区为多，尤其管理粗放的梨园受害严重。

防治方法：①振落捕杀成虫。利用成虫假死习性，在成虫交尾、产卵之前和雨后成虫出土比较集中时，清晨在树下铺布单或塑料薄膜，捕杀振落的成虫。②清除被害果实。及时摘拾被害虫果、落果，集中杀死。③在发生严重的梨园，于越冬成虫出土始期，尤其雨后（4月上中旬），在树冠下喷施50%辛硫磷乳油200～300倍液，药后15天再施1次；树冠可用80%敌敌畏乳油1 000倍液或90%晶体敌百虫800倍液喷施防治，隔10～15天再喷1次。

梨实蜂

学名：*Hoplocampa pyricola* Rohwer

梨实蜂又名梨实叶蜂、梨实锯蜂、钻蜂。俗称花钻子、螫梨蜂、白钻眼。属膜翅目叶蜂科。仅为害梨。

为害状：成虫产卵在花萼里，幼虫在花萼基部里面环向串食，被害处变黑。以后蛀入幼果心中。被害幼果干枯、脱落。被害果脱落之前，幼虫又转害新幼果。

梨实蜂为害果实状（王洪平提供）

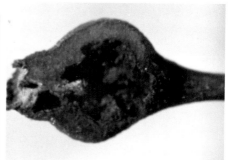

梨实蜂幼虫为害状（王洪平提供）

形态特征：成虫体黑色有光泽。触角丝状9节，除第一、二节为黑色外，其余7节雄虫为黄色，雌虫为褐色。足细长，腿节以上为黑色，腿节以下为黄色。翅透明，淡黄色。卵白色，长椭圆形，将孵化时为灰白色。老熟虫体长约9毫米，淡黄白色，头部橙黄色。尾端背面有一块褐色斑纹。裸蛹，初为白色，渐变为黑色。

梨实蜂成虫（王洪平提供）

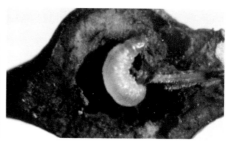

梨实蜂幼虫（王洪平提供）

发生规律：1年发生1代，以老熟幼虫在土中做茧越冬，梨花开时，羽化的成虫飞回梨树上为害。辽西梨区4月中旬化蛹，成虫发生期从4月20日前后开始至5月上旬。石家庄梨区成虫羽化盛期在3月末至4月初。从梨树物候期看，梨实蜂成虫羽化和产卵盛期是梨树花序分离至花瓣含苞待放时。幼虫长成后（约在5月）即离开果实落地，钻入土中做茧越夏、越冬。早花品种受害较重。

防治方法：①人工防治。在成虫产卵至幼虫为害期，人工摘除有卵花朵和有虫幼果，集中消灭。②地面防治。在梨树开花前10～15天，用50％辛硫磷乳油300倍液喷于树干半径1米范围内的地面，每667米^{2}用药液150千克。③树上喷药。在梨花含苞待放期喷药，药剂有2.5％溴氰菊酯乳油，或2.5％氯氟氰菊酯乳油1 500～2 000倍液，或5％氟啶脲乳油1 000～2 000倍液等。

康氏粉蚧

学名：*Pseudococcus comstock* (Kuwana)

康氏粉蚧又名梨粉蚧、葡萄粉蚧、桑粉蚧，属半翅目粉蚧科。主要为害梨、苹果、桃、葡萄、杏、柿、李、樱桃、山楂、石榴、栗、核桃、梅、枣等果树。

为害状：以若虫和雌成虫刺吸幼芽、叶、果实、枝干和根的汁液，使果实生长发育受到影响。果实被害，表面呈棕黑色油腻状，不易被雨水冲洗掉。被害果外观差，含糖量降低，或成畸形果，甚至失去商品价值。排泄蜜露常引起煤烟病，影响光合作用，削弱树势，产量与品质均下降。

形态特征：雌成虫体扁平，椭圆形，淡粉红色，被较厚的白色蜡粉，体缘具17对白色蜡丝，蜡丝基部较粗，尖端渐细，最后一对最长，与体长接近。雄成虫体紫褐色，触角和胸背中央色淡，单眼紫褐色，前翅发达透明，后翅退化为平衡棒。卵椭圆形，浅橙黄色，数十粒集中

康氏粉蚧为害状

成块，外覆白色蜡粉，形成白色絮状卵囊。若虫雌 3 龄，雄 2 龄，一龄椭圆形，淡黄色，眼近半球形紫褐色，体表两侧布满纤毛；二龄体被白色蜡粉，体缘出现蜡刺；三龄体与雌成虫相似。雄蛹淡紫褐色，裸蛹，触角、翅和足等均外露。

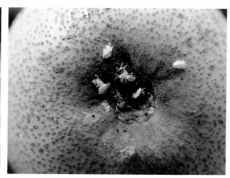

康氏粉蚧雌成虫　　　　　　康氏粉蚧若虫及为害状

发生规律：河南、河北 1 年发生 3 代，吉林延边 2 代，以卵在树体各种缝隙及树干基部附近土石缝处越冬。梨发芽时，越冬卵孵化为若虫，爬到枝叶等幼嫩部分为害。第一代、第二代、第三代若虫盛发期分别为 5 月中下旬、7 月中下旬、8 月下旬。

防治方法：①人工防治。冬季结合刮除老树皮、翘皮，清除越冬卵囊，减少虫源，或枝干上捆草把，引诱雌虫产卵，集中销毁。晚秋在树干上绑缚草把，诱杀成虫。②合理修剪。防止枝叶过密，以免给粉蚧造成适宜环境。③芽前喷药杀卵。在梨花芽萌动前，喷 3～5 波美度石硫合剂，杀死越冬卵。④药剂喷杀。5 月中下旬在若虫分散转移期，分泌蜡粉形成介壳之前喷洒 24% 螺虫乙酯悬浮剂 3 000 倍液，或 3% 啶虫脒乳油 1 500 倍液，或 10% 吡虫啉可湿性粉剂 1 000～1 500 倍液。发生严重的地区可在各代幼虫孵化期喷药防治。

麻皮蝽

学名：*Erthesina fullo* Thunberg

麻皮蝽又称黄斑椿象。属半翅目蝽科。为害梨、苹果等果树。

为害状：成虫及若虫刺吸果实和嫩梢，果实受害尤重。被害处组织停止生长,木栓化,果面凹凸不平,变硬、畸形,受害重者,不堪食用。

形态特征:成虫体背黑色散布有不规则的黄色斑纹,并有刻点及皱纹。头部突出,背面有4条黄白色纵纹从中线顶端向后延伸至小盾片基部。触角黑色。前胸背板及小盾片为黑色,有粗刻点及散生的白斑。腹部背面黑色,侧缘黑白相间或稍带淡黄色,基节傍有挥发性臭腺的开口,遇敌时即释放臭气。卵圆筒形,淡黄白色。各龄若虫均扁洋梨形,前尖削后浑圆;初龄若虫胸、腹部有许多红、黄、黑相间的横纹;老龄若虫体似成虫,自头端至小盾片具1黄红色细中纵线,体侧缘具淡黄狭边,腹部第三至六节的节间中央各具1块黑褐色隆起斑,斑块周缘淡黄色,上具橙黄或红色臭腺孔各1对。腹侧缘各节有1黑褐色斑。

发生规律:南方1年发生1~2代,北方1代,以成虫在墙缝、石缝、草堆、空房、树洞等场所越冬。

麻皮蝽为害果实状

麻皮蝽成虫

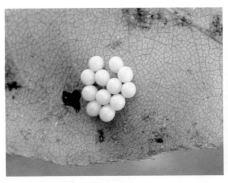

麻皮蝽卵

麻皮蝽低龄若虫

麻皮蝽若虫　　　　　　　　　　　麻皮蝽高龄若虫

成虫飞翔力强，具假死性，有弱趋光性和群集性。主要为害期在6月上旬至8月中旬。

防治方法：参考"梨冠网蝽"。

茶翅蝽

学名：*Halyomorpha picus* (Fabricius)

茶翅蝽又称臭木椿象，俗称臭板虫、臭大姐，属半翅目蝽科。主要为害梨、苹果、桃、杏、柑橘等。

为害状：成虫和若虫吸食叶片、嫩梢和果实汁液，正在生长的果实受害后，石细胞增多，果面凹凸不平，形成疙瘩梨，受害部变硬、味苦。近成熟的果实被害后，受害处果肉变空、木栓化。

形态特征：成虫体灰褐色。触角5节，第二节比第三节短，第四节两端黄色，第五节基部黄色。前胸背板前缘有4个横列的黄褐色小点，小盾片基部有5个横列的小黄点。腹部斑点明显，侧接缘为黑黄相间。卵短圆筒形，初灰白色，孵化前黑褐色，常20～30粒排在一起。初孵若虫近圆形，体白色，后变为黑褐色，腹部淡橙黄色，各腹节两侧节间有1个长方形黑斑，共8对，腹部第三、五、七节背面中部各有1个较大的长方形黑斑。老熟若虫与成虫相似，无翅。

发生规律：辽宁1年发生1代，江西2代，以成虫在墙缝、石缝、草堆、空房、树洞等处越冬。5月中旬至6月上旬是成虫活动盛期，7月中下旬是为害盛期。在江西，越冬成虫3月下旬出蛰，4月上中旬开始产卵。第一代

茶翅蝽成虫

茶翅蝽卵

茶翅蝽若虫

茶翅蝽若虫为害果

若虫4月底至6月上旬发生，成虫6月中旬至8月上旬发生。第二代若虫7月中旬至9月中旬孵化，9月上旬至10月上中旬为成虫期，11月中旬至12月中旬成虫陆续飞向越冬场所。

防治方法：早春越冬若虫开始活动尚未分散时和夏季若虫群集枝干阴面时喷药，药剂种类及施药方法参考"梨冠网蝽"。

白星花金龟

学名：*Potosia brevitarsis* Lewis

白星花金龟又名白星花潜、白星金龟子，属鞘翅目花金龟科。为害桃、梨、李、柑橘、柿、葡萄、玉米等，鲜食玉米受害较重。

为害状：成虫主要为害能散发腐败酒味、酸味或甜味的果实，可将果实咬成大洞，多头害虫群集为害，果实被害后，常易受细菌等病原菌感染腐烂而脱落，对果树产量与果实品质均产生很大影响。幼虫主要为害地下根，将根咬断，造成植株生长衰弱，严重时导致枯死。

形态特征：成虫体型中等，椭圆形，背面扁平，全体古铜色，微带绿或紫色闪光，头方形，前胸背板梯形，小盾片长三角形，散布多个不规则白绒斑。前胸背板和鞘翅密布小刻点和不规则的白色毛斑10

白星花金龟群集为害

余个，多为横向波浪状。腹面各腹节两侧均有一白色毛斑。卵圆形或椭圆形，乳白色。幼虫体柔软、肥胖，体表多皱纹，腹部末节膨大，弯曲呈C形，头褐色，胴部白色。蛹卵圆形，裸蛹，黄白色，蛹外包以土室。

白星花金龟成虫

白星花金龟幼虫

发生规律：1年发生1代，以幼虫在腐殖质上和厩肥堆中越冬。翌年4—6月幼虫断断续续老熟，在20厘米左右土层中化蛹。成虫于5月上旬开始出现，6—10月为成虫发生期，6—7月为成虫盛发期。成虫昼伏夜出，有假死性，受惊扰后飞走或掉落。对糖醋或果醋有趋性。飞翔力强，常群集为害果实，吸取汁液。待桃、李、梨、葡萄等果实成熟时，开始大量迁入为害果实。7月上旬成虫大多开始在腐殖质丰富或堆肥较多的地方产卵，孵化后的幼虫在土中和堆肥中栖息，取食腐殖质，为腐食性。幼虫发育适宜的土壤含水量为15%～20%，土壤过干过湿，均会迫使幼虫向土壤深层转移，如持续过干或过湿，则使其卵不能孵化或幼虫死亡，成虫的繁殖和生活力严重受阻。幼虫老熟后即吐黏液混合土或沙结土室，并在其中化蛹。

防治方法：①诱杀成虫。利用成虫趋光性在成虫盛发期安装杀虫灯诱杀成虫；或利用白星花金龟对糖醋味的趋性，配制糖醋液诱杀。用糖、醋、酒、水和90%敌百虫晶体按3：3：1：10：0.1的比例加入盆中并拌匀，放在梨园诱杀成虫。也可在成虫发生期将西瓜切成两半，红瓤处放入少许菊酯类等农药，每667米²5～10个点，可诱杀部分成虫。②人工捕杀。春季成虫羽化之前，将堆放的有机肥用铁锹翻铲，人工拾捡幼虫和蛹；在早晚或阴天温度低时人工捕捉，集中杀死。③加强田间管理。结合中耕及时清除梨园杂草及地边荒草，破坏该虫的滋生环境；由于成虫对未腐熟的农家肥和腐殖质有强烈的趋性，常将卵产于其中，所以对于农家肥要集中堆放，经高温发酵充分腐熟后使用，必要时喷洒50%辛硫磷乳油800倍液或90%晶体敌百虫600倍液，避免施用未腐熟的厩肥。④翻耕灭虫。在冬季翻耕果园土壤，可杀死土中的幼虫和成虫。发生严重时，如每667米²可同时撒施3%辛硫磷颗粒剂2～3千克，效果更佳。⑤药剂防治。可在3月下旬成虫开始出土前每667米²用3%联苯菊酯颗粒剂3～4千克，拌20～30千克细土均匀撒施，也可树冠下喷施50%辛硫磷乳油500～800倍液，结合中耕除草翻入土中，或在谢花后每667米²用80%敌敌畏乳油3千克稀释后拌潮湿熟细土或土粪，均匀撒在树冠下，毒杀成虫和幼虫。成虫密度大时可进行树冠喷药，药剂可用50%辛硫磷乳油1 000倍液，或2.5%溴氰菊酯乳油2 000～3 000倍液，或2.5%氯氟氰菊酯乳油2 000～3 000倍液，在成虫盛发期喷施，时间以下午至黄昏较好。

泥黄露尾甲

学名：*Nitidulidae leach*

泥黄露尾甲别名落果虫、泥蛀虫、黄壳虫，属鞘翅目露尾甲科。主要寄主有梨、猕猴桃、石榴、桃、柑橘等。

为害状：以成虫和幼虫蛀食落地果和下垂至近地面的鲜果，成虫为害后将粪屑排出蛀孔外，幼虫为害导致果肉腐烂，引起脱落。

形态特征：成虫体扁平，初羽化时色浅，后转为泥黄褐色；复眼黑色，向两侧高度隆起，圆形；触角短棒锤状；前胸背板长约为宽的一半，疏生向后倒伏的黄色绒毛和长刚毛；小盾片心脏形；鞘翅侧缘向尾部均匀缢缩，到翅缝末端呈W形，翅面具10行刻点，每一刻点中生1根向后倒伏的长刚毛。卵橄榄形，乳黄色。幼虫稍扁平，头部褐色，胸足3对，无腹足，中胸和后胸节亚背线

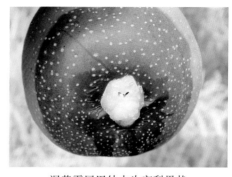

泥黄露尾甲幼虫为害梨果状

上具1块黑斑，斑缘后侧生1枚刺突，气门上线处也具1块黑褐斑；腹末节背面生有2对高度突起的肉角，呈四方形着生。蛹扁平，腹部稍曲，乳白至乳黄色，与成虫形态相似。

发生规律：以成虫在土中越冬，果实着色至成熟期，成虫将卵聚产在落地果或下垂近地面的鲜果上，产前先咬一伤口，卵产其中。幼虫孵化后，钻入果内纵横蛀食，老熟后脱果入土化蛹。成虫有假死性，可直接咬孔在果肉中啃食为害，幼虫耐高湿，可以在果肉中完成发育。成虫不飞翔，靠爬行为害鲜果。

泥黄露尾甲幼虫及为害梨果状

防治方法：①清洁果园。随时拾拾落地果，集中处理果中成虫和幼虫。②加强管理。冬季剪除近地面的下垂枝，生长期发现下垂近地果枝，即用竹枝顶高，防成虫趋味爬行产卵或蛀食。③化学防治。幼虫为害期喷洒24%氰氯虫腙悬浮剂1 000倍液，或30%茚虫威水分散粒剂1 600倍液。

鸟嘴壶夜蛾

学名：*Oraesia excavate* Butler

鸟嘴壶夜蛾别名葡萄紫褐夜蛾、葡萄夜蛾，属鳞翅目夜蛾科。为害柑橘、梨、桃、李、柿、荔枝、龙眼、枇杷、葡萄等多种果树成熟的果实，

造成损失。是山地和近山地果园的一种重要害虫。

为害状：成虫以虹吸式口器插入成熟果实吸取汁液，轻者外表仅有1小孔，内部果肉呈海绵状或腐烂，以手指按压有松软感，被害部变色凹陷，随后腐烂脱落。由于早期为害状不易发现，常在储运中造成很大损失。幼虫啃食叶片，造成缺刻或孔洞，严重时吃光叶片。

形态特征：成虫褐色，头和前胸赤橙色，中、后胸赭色。下唇须前端尖长似鸟嘴。前翅紫褐色，具线纹，翅尖钩形，外缘中部圆突，后缘中部呈圆弧形内凹，自翅尖斜向中部有两条并行的深褐色线。后翅淡褐色，缘毛淡褐色。卵球形，初淡黄色，1～2天后色泽变灰，并出现红褐色花纹。幼虫共6龄，初孵时灰色，后变为灰褐色或灰黄色，似枯枝。头部两侧各有4个黄斑，腹部和背面有白色斑纹处杂有大黄斑1个，小红斑数个，中红斑1个，纵行排列；第一对腹足全退化，第二对较小。蛹暗褐色，腹末较平截。

鸟嘴壶夜蛾成虫背面观　　　　　　鸟嘴壶夜蛾成虫侧面观

发生规律：浙江黄岩1年发生4代，以成虫、幼虫或蛹越冬。越冬代在6月中旬结束，第一代发生于6月上旬至7月中旬，第二代发生于7月上旬至9月下旬，第三代发生于8月中旬至12月上旬。成虫羽化后需要吸食糖类物质作为补充营养，才能正常交尾产卵。卵多散产于果园附近背风向阳处木防己的上部叶片或嫩茎上。幼虫行动敏捷，有吐丝下垂习性，白天多静伏于荫蔽的木防己顶端嫩叶上，夜间取食。三龄后沿植株向下取食，将叶吃成缺刻，甚至整叶吃光。老熟时在木防己基部或附近杂草丛内缀叶结薄茧化蛹。成虫在天黑后飞入果园为害，喜食好果，有明显的趋光性、趋化性（芳香和甜味），略有假死性。

防治方法：①灯光诱杀成虫。在成虫高发期，安装黑光灯或频振式杀虫灯诱杀。②利用糖醋液、烂果汁诱杀成虫。糖5%～8%和醋1%的水溶液，加90%晶体敌百虫300～500倍液；或用烂果汁加少许酒、醋代用。③果实接近成熟期套袋。④铲除木防己或杀灭其上的幼虫。铲除果园内及其周围1 000米以内的木防己、通草等寄主植物，或在有木防己、通草等发生的果园内，于幼虫发生期喷施杀虫剂予以防治，也能有效减轻成虫为害。⑤驱避成虫。用香茅油或小叶桉油驱避成虫。其方法是，用7厘米×8厘米的草纸片浸油，挂在树上，每棵树挂1片，夜间挂上，白天收回，第二天补油后再挂。⑥药剂防治。在成虫发生期喷洒2.5%氟氯氰菊酯乳油1 500～2 000倍液，有很好的触杀和驱避作用，也可在幼虫孵化后，喷施4.5%高效氯氰菊酯乳油1 500倍液，或25%灭幼脲悬浮剂1 000倍液，或20%氯虫苯甲酰胺悬浮剂3 000倍液。

棉小造桥虫

学名：*Anomis flava* (Fabricius)

棉小造桥虫别名棉夜蛾、小造桥虫、步曲、小造桥夜蛾等，属鳞翅目夜蛾科。为害梨、棉花、黄秋葵、冬葵、黄麻、苘麻、烟草等。

为害状：幼虫咬食叶片，食成缺刻或孔洞，常将叶片吃光，仅剩叶脉。有时也食嫩果，受害果不能充分生长发育，影响产量、品质。

形态特征：成虫头、胸部橘黄色，腹部背面灰黄至黄褐色。前翅雌淡黄褐色，雄黄褐色。触角雄为栉齿状，雌丝状。前翅外缘中部向外突出呈角状；翅内半部淡黄色密布红褐色小点，外半部暗黄色。亚基线、内线、中线、外线棕褐色，亚基线略呈半椭圆形，内线外斜并折角，中线曲折木端与内线接近，外线曲折后半部不甚明显，亚端线紫灰色锯齿状，环纹白色并环有褐边，肾纹褐色，上下各具1黑点。卵扁椭圆形，青绿至褐绿色，顶部隆起，底部较平，卵壳顶部花冠明显，外壳有纵横脊围成不规则形方块。幼虫头淡黄色，体黄绿色，背

棉小造桥虫成虫

棉小造桥虫幼虫

棉小造桥虫蛹

线、亚背线、气门上线灰褐色，中间有不连续的白斑，以气门上线较明显；气门长卵圆形，气门筛黄色，围气门片褐色；第一对腹足退化，第二对较短小，第三、四对足趾钩18～22个，爬行时虫体中部拱起，似尺蠖。蛹红褐色，头中部有1乳头状突起，臀刺3对，两侧的臀刺末端呈钩状。

发生规律：黄河流域1年发生3～4代，长江流域5～6代。以蛹在枯枝落叶间越冬，翌春4月开始羽化。在湖北，各代幼虫盛发期为5月中下旬、7月中下旬、8月中下旬、9月中旬和10月下旬至11月上旬，以三、四代发生较重。3代区各代幼虫为害盛期分别在7月中下旬、8月上中旬、9月上中旬。成虫有趋光性。幼龄幼虫多在植株中下部为害，一、二龄幼虫取食下部叶片，稍大转移至上部为害，四龄后进入暴食期，五、六龄幼虫则多在上部叶背为害。老熟幼虫多在早晨吐丝缀叶卷包做茧化蛹。6—8月多雨的年份发生较重。

防治方法：在幼虫发生期，结合防治其他夜蛾类害虫进行药剂防治。可参考"斜纹夜蛾"。

三、梨园主要杂草

菟丝子

学名：*Cuscuta chinessis* Lam.

形态特征：一年生攀藤全寄生草本植物，全株无毛。茎线状，细长，缠绕，黄色，无叶。花簇生于叶腋，苞片及小苞片鳞片状；花萼杯状，5裂；总状花序，花冠白色或黄白色，钟形，长为花萼的2倍，裂片向外反曲；雄蕊花丝扁短，基部生有鳞片，矩圆形；子房2室，花柱2。蒴果扁球形，被花冠全部包住，盖裂。种子2～4粒。花期7—9月，果期8—10月。

为害状及发生期：在梨树树冠表面遍布藤蔓，枝叶无法正常伸展，加之藤蔓不断摄取树体养料，导致叶片枯黄脱落，枝梢枯死。4月上中旬开始发生，8—10月秋雨季节为发生盛期。

菟丝子为害梨枝

菟丝子为害状及其花

防治方法：①剪除。最好在种子未成熟前剪除菟丝子，并带出园外深埋或销毁。②深埋种子。秋冬季翻土15～20厘米，把掉在地上的种子埋掉，避免翌年萌发。③土壤处理。每667米²可用48%甲草胺乳油250毫升，或72%异丙甲草胺乳油150毫升，对水30～50千克均匀喷洒于土壤表面。

杠板归

学名：*Polygonum pertoliatum* L.

杠板归又名犁头刺、蛇倒退、穿叶蓼。

形态特征：多年生蔓性草本，全体无毛。茎攀援，有纵棱，棱上有稀疏的倒生钩刺，多分枝，绿色，有时带红色，长1～2米。叶互生，近于三角形，长3～7厘米，宽2～5厘米，淡绿色，有倒生皮刺着生于叶片的近基部；叶柄几与叶片等长，有倒生钩刺。总状花序呈短穗状，顶生或生于上部叶腋，花小，长1～3厘米，具苞，苞片卵圆形，每苞含2～4花；花被5深裂，白色或淡红紫色，花被片椭圆形，长约3毫米，裂片卵形，不甚展开，随果实而增大，变为肉质，深蓝色；雄蕊8，略短于花被；雌蕊1，子房卵圆形，花柱3叉状。瘦果球形，径3～4毫米，暗褐色，有光泽，包在蓝色花被内。花期6—8月，果期7—10月。

防治方法：①人工清除。宜在苗期用人工清除，如果杠板归开始蔓性生长、茎叶上布满钩刺，很易伤人，清除时注意做好保护措施。②药剂防除。杠板归也可用氟草定等除草剂在苗期或生长前期防除。

杠板归为害状

参考文献

浙江农业大学,1980.农业植物病理学:下册.上海:上海科学技术出版社.

浙江农业大学,1987.农业昆虫学:下册.上海:上海科学技术出版社.

北京农业大学,等,1981.果树昆虫学:下.北京:中国农业出版社.

王金友,姜元振,2003.梨树病虫害防治.北京:金盾出版社.

王国平,窦连登,等,2002.果树病虫害诊断与防治原色图谱.北京:金盾出版社.

邹钟琳,曹骥,1983.中国果树害虫.上海:上海科学技术出版社.

刘乾开,朱国念,等,1993.新编农药使用手册.上海:上海科学技术出版社.

吕佩珂,苏慧兰,庞震,等,2010.中国现代果树病虫原色图鉴.北京:蓝天出版社.

邱强,张默,马思友,2000.原色梨树病虫图谱.北京:中国科学技术出版社.

何振昌,等,1997.中国北方农业害虫原色图鉴.沈阳:辽宁科学技术出版社.

王江柱,王勤英,2015.梨病虫害诊断与防治图谱.北京:金盾出版社.

图书在版编目（CIP）数据

梨病虫害诊断与防治原色图谱/夏声广主编.—北京：中国农业出版社，2023.4

（码上学技术．农作物病虫害快速诊治系列）

ISBN 978-7-109-30336-2

Ⅰ.①梨…　Ⅱ.①夏…　Ⅲ.①梨－病虫害防治－图谱

Ⅳ.①S436.612-64

中国国家版本馆CIP数据核字（2023）第002434号

LI BINGCHONGHAI ZHENDUAN YU FANGZHI
YUANSE TUPU

中国农业出版社出版

地址：北京市朝阳区麦子店街18号楼

邮编：100125

责任编辑：阎莎莎　张洪光

版式设计：杜　然　　责任校对：吴丽婷　　责任印制：王　宏

印刷：中农印务有限公司

版次：2023年4月第1版

印次：2023年4月北京第1次印刷

发行：新华书店北京发行所

开本：880mm×1230mm　1/32

印张：6.25

字数：200千字

定价：49.00元